| 每天
15分鐘
———
15 minutes
a day | 一日一角落，
無痛整理術 |

沈智恩 /著　陳品芳 /譯

1 일 1 정리 100 일 동안 하루 한 가지씩

| 將大空間拆成小空間 |
| 每天只整理一個角落 |

▽

把房子跟人生都整理乾淨的

100 個 輕盈生活提案

自序

不知不覺開始享受整理的樂趣

我經營一個叫做「整理力社團」的社群超過五年了，因而發現整理、清空自己棲身的這個空間，就是改變生活的基本條件。但這個簡單的法則，做起來卻不像說得那麼容易。

整理力社團裡持續有人發布「請幫幫我！」「要怎麼整理才好？」等求救文章。他們的文章通常都會附上堆滿大量雜物的房間照片。也有人整理到一半，就讓雜物擺在那裡。

我一直在想，到底為什麼會變成這樣。可能是覺得這些東西絕對不能丟，到處搬來搬去耗盡體力，也可能是分類決定要賣給二手商、或是捐出去，然後就這樣在房間裡堆了好幾個月，或是想要整理房間，所以把大多數的東西都拿到客廳去，最後卻無法收拾。

看到這些人的狀況，我思考有沒有能幫助他們的好方法，於是便開始了「整理力企畫」。

不擅長整理的人，需要的並不是異想天開的整理收納創意或收納工具，而是可以分階段循序漸進的行事方針。而「整理力企畫」就是一個充實基礎的計畫。我著手規劃收錄人生中需要最先整理的一百個整理主題，以及行事方針。創造出一個每

天只要投資十五～二十五分鐘，從第一階段到第五階段，按部就班地跟著做，那麼就能把房子跟人生都整理乾淨的企畫。

這個企畫執行了五年，會員的反應十分熱烈。那些不得要領但卻以滿腔熱情開始整理大業，卻總在中途放棄的參與者，或是懷抱著「一直以來都只會把房間弄髒亂的我，真的能把家整理好嗎？」這種疑惑的參與者，一天只要花十五分鐘整理，就能看到家中煥然一新的樣子，並透過這樣的過程獲得自信。

五年來，在執行這個企畫的過程中，我看過許多令人驚訝、感動的成功案例分享與參加心得，書中我會分享其中最令我印象深刻的會員心得。

「這一百天來的改變之處？我更會整理，而且工作時也變得比較圓融，跟家人或公司同事的距離拉近不少，外貌也變得比較有親和力，心情好很多，變得很幸福，還有相信自己未來會更幸福的自信。」

沒錯。整理這件事，就是一門讓自己更幸福的技巧。各位如果也想變得比現在更幸福，那就試著每天整理一樣東西吧。一天十五分鐘，絕不是會給人帶來壓力的時間，你肯定會在不知不覺間發現享受整理的自己。

讓人生改變的挑戰、讓挑戰成功的力量，都來自於回顧現在的自己的「整理魔法」。

讓生活更井然有序

在 For Book 這間公司裡,和整理最扯不上邊的編輯,居然負責一本整理書。把市面上推出的整理、收納、極簡生活相關書籍都看過了一遍,為了書本中照片的拍攝,特地和整理專家見面,這也讓我下定決心:「來試著整理一下吧!」

因為這樣我才知道,過去我認為整理就是把不需要的東西全部丟掉,打造一個類似公寓式飯店那種空間的想法是錯的。因為我喜歡蒐集布料、書籍、器皿,所以整理本來就是讓我感到害怕的一件事。也因此,在跟整理顧問們碰面時,我最先問的問題是:

「想要整理的話,是不是得先丟掉很多東西?」

「不,很多人覺得整理就是要丟東西,但其實不是這樣。配合空間把東西放在容易取得的地方,就叫做整理。」

一開始人人都可能犯的錯誤

原本整天只會躺著的我,雖然買了兩個一百公升的大垃圾袋準備戰鬥,但卻遭遇很多錯誤。一開始覺得丟東西超簡單,

但過了一段時間發現愈來愈難了，因為整理到一半會陷入回憶中，丟掉那些從來沒用過的東西會有罪惡感，但留下來準備送人或上網賣掉也是個麻煩。讓我覺得第一項就整理這些長時間累積起來的書和布料，實在是個錯誤的決定。後來我才知道，就像本書所說的，要先從比較小的空間開始，一個空間、一個空間去整理，才是最有效的整理方式。

發現自己到底喜歡什麼，就是整理的樂趣

看著一有時間就丟東西、整理環境的我，家人也開始抱著「看看你能堅持多久」的心態支持我，孩子也開始自己主動整理房間了。過去一回家就會不耐煩地抱怨「家裡到底住幾個人啊？」的老公，現在也可以笑著進門了。

擔任整理顧問之後，不知不覺間發現，擔任夫妻問題或心理諮商的諮商師說得沒錯。偶爾就是會遇到把整個家整理好，憂鬱症就會慢慢好轉，原本惡化的夫妻關係也會跟著改善等非常極端的例子。

我也是在一一將書櫃和孩子的玩具收納櫃清理乾淨後，才終於有掛相框或擺花瓶的想法。有了多餘的空間，心也就變得更加寬裕了。

以把不必要的東西清掉，重新整頓空間的這種方式來整理，就能了解自己究竟想要追求怎樣的人生，也會知道自己真正需要的是什麼。

只留下喜歡的東西、了解自己的喜好，這都是整理的樂趣。

知道自己能放棄什麼、不能放棄什麼，自然的就可以提高對生活的滿意度，消費時也會更加謹慎，畢竟已經有過太多花錢買來的東西，最後卻輕易變成垃圾的經驗，所以未來也會希望自己能夠有智慧地花錢。

整理愈多，花費時間就愈少，擁有的東西也愈少，也愈能整頓自己的生活。只要好好整理空間，即使不必每天花時間掃地拖地，家裡也可以維持乾淨整齊。雖然我也還是整理新手，但希望閱讀這段文字的各位，都能夠體驗到在整理過程中所獲得的喜悅，以及發現自己逐漸變得更好的那種滿足感。

> 「簡單的生活就是懂得享受一切，
> 從最平凡、最微不足道的事物中，
> 也可以發現樂趣。」
>
> ──── 多明妮克 · 洛羅

CONTENTS

自序 不知不覺開始享受整理的樂趣 —— 002

編輯日誌 讓生活更井然有序 —— 004

Part 1
一天十五分鐘，一日整理一角落：
今天開始五十九天的挑戰

生活進入倦怠期，表示需要整理了 —— 016

Chapter 1 **整理，創造人生的轉捩點**

整理可以帶來改變 —— 020

清空是需要練習的 —— 026

　case 1 我居然能把充滿回憶的物品清空了 —— 033

一日一整理計畫的事前準備 —— 035

Chapter 2 **玄關，一個家的門面**

Day 1／購物袋 —— 050

Day 2／塑膠袋 —— 051

Day 3／雨傘 —— 054

Day 4／鞋櫃 —— 056

Day 5／玄關地板 —— 057

Chapter 3　廚房，做出美味料理的空間

Day 6 ／餐桌 —— 062

Day 7 ／廚具與餐具 —— 064

Day 8 ／保鮮袋、衛生手套、夾鏈袋、抹布 —— 066

Day 9 ／廚房家電 —— 068

Day 10 ／密封容器 —— 071

Day 11 ／杯子、水壺 —— 072

Day 12 ／飯碗、容器、盤子 —— 074

Day 13 ／平底鍋 —— 077

Day 14 ／湯鍋 —— 079

Day 15 ／加工食品 —— 080

Day 16 ／調味料、醬料 —— 081

Day 17 ／冰箱（冷藏室） —— 083

Day 18 ／冰箱（冷凍庫） —— 088

Day 19 ／掌握冰箱庫存 —— 090

Day 20 ／流理台 —— 092

Day 21 ／掏空冰箱 —— 094

case 2 整理力，接觸極簡生活後的改變 —— 095

case 3 整理娘家廚房帶來的喜悅 —— 097

case 4 整理是比補品更有用的良藥 —— 099

Chapter 4　浴室，時時保持乾淨整潔

Day 22 ／洗臉台、櫥櫃 —— 109

Day 23 ／浴缸與淋浴空間 —— 110

Day 24 ／化妝品 —— 112

Chapter 5 衣櫃，同季節的衣服放在同一個空間

Day 25 ／內衣 —— 120
Day 26 ／襪子、絲襪 —— 126
Day 27 ／棉被 —— 129
Day 28 ／背包 —— 131
Day 29 ／飾品 —— 132
Day 30 ／帽子 —— 134
Day 31 ／領帶、圍巾、皮帶 —— 136
Day 32 ／吊掛的衣服 —— 138
Day 33 ／摺的衣服 —— 144
Day 34 ／穿過的衣服 —— 151
　　case 5 原來，收納櫃才是問題所在 —— 153
　　case 6 買之前再三思考真的需要嗎？ —— 155

Chapter 6 兒童房，讓孩子學會自己整理

Day 35 ／積木、大型玩具 —— 164
Day 36 ／桌遊、教具、拼圖 —— 165
Day 37 ／樂高 —— 168
Day 38 ／汽車、玩偶、小玩具 —— 170
Day 39 ／學習卡、尪仔標、遊戲卡 —— 173
Day 40 ／小孩的作品 —— 174
Day 41 ／髮帶、髮夾、髮飾 —— 176
Day 42 ／書桌 —— 177
Day 43 ／書桌抽屜 —— 178
Day 44 ／習作本、參考書、學習書 —— 180
Day 45 ／書 —— 181
Day 46 ／獎狀、體驗學習資料 —— 183
Day 47 ／充滿回憶的物品 —— 184
　　case 7 二年級女兒的日記 —— 185

Chapter 7　客廳，生活空間的核心

Day 48 ／ 家庭常備藥 —— 191

Day 49 ／各種使用說明書 —— 193

Day 50 ／家具（物品）配置 —— 194

Day 51 ／客廳地板 —— 195

Day 52 ／各種文件 —— 196

Day 53 ／照片 —— 197

Day 54 ／電線、延長線 —— 201

Day 55 ／客廳櫥櫃 —— 202

Day 56 ／陽台倉庫 —— 204

Day 57 ／多功能房 —— 205

Day 58 ／整理故障的物品 —— 207

Day 59 ／二手販賣、分享、捐贈 —— 208

Part 2
解開糾纏不清的結、將擱置的事情做個了結：整理人生各面向

Chapter 8　金錢，亡羊補牢的整頓計畫

Day 60 ／優惠券、點數卡 —— 217

Day 61 ／錢包 —— 218

Day 62 ／信用卡 —— 219

Day 63 ／發票、收據 —— 220

Day 64 ／家計簿 —— 221

Day 65 ／固定支出 1：收入、負債 —— 223

Day 66 ／固定支出 2：住宅、家用 —— 227

Day 67 ／固定支出 3：變動支出 —— 229

Day 68 ／固定支出 4：保險 —— 231

Day 69 ／固定支出評量 —— 234

Day 70 ／存摺 —— 235

Day 71 ／開設帳戶 —— 236

Day 72 ／費用帳單 —— 237

Day 73 ／訂定不購物日 —— 238

Day 74 ／買對和買錯的東西 —— 239

Chapter **9**　**時間，有效管理不再兩頭燒**

Day 75 ／番茄工作法 —— 245

Day 76 ／線上社群 —— 246

Day 77 ／管理零碎時間 —— 247

Day 78 ／智慧型手機 —— 248

Day 79 ／五分鐘整理法 —— 249

Day 80 ／成就日記 —— 250

Day 81 ／失誤日記 —— 251

Day 82 ／每天達成一個目標 —— 252

Day 83 ／延遲清單 —— 254

Day 84 ／拒絕的方法 —— 255

Day 85 ／「最愛」清單 —— 256

Day 86 ／目標整理 —— 257

Day 87 ／自由時間 —— 258

Day 88 ／五年內的五大新聞 —— 259

Day 89 ／時間家計簿 —— 260

Chapter **10** 幸福，人際關係整理祕訣

　　　　Day 90 ／電話通訊錄 —— 265

　　　　Day 91 ／跟關係說再見 —— 266

　　　　Day 92 ／選出 VIP —— 267

　　　　Day 93 ／其他通訊錄 —— 268

　　　　Day 94 ／禮物目錄 —— 269

　　　　Day 95 ／感謝卡 —— 270

　　　　Day 96 ／關係的關鍵字 —— 271

　　　　Day 97 ／提供幫助 —— 272

　　　　Day 98 ／想見面的人 —— 273

　　　　Day 99 ／主辦聚會 —— 274

　　　　Day 100 ／邀請朋友來家裡 —— 275

後記　　　整理後的生活 —— 276

　　　　　五十一項整理任務清單 —— 285

「現在還來得及。整理是人生的新起點。

下定決心要整理的那個時候，

就是和過去道別，向未來跨出第一步的最佳機會。」

————近藤麻理惠

Part 1

一天十五分鐘，
一日整理一角落

今天開始五十九天的挑戰

生活進入倦怠期，表示需要整理了

　　熟悉的屋內風景、每天吃的菜餚、熟悉的對話，雖然很舒適，但卻不再讓人心動。該做的事情雖然有一籮筐，但卻讓人覺得每件事情都很厭倦。如果你也有類似的症狀，看看以下這個檢查表，你中了幾項，如果有四項以上，就表示你需要轉變了！

☐ 家裡有很多汙垢，或是有很多地方都積滿灰塵。

☐ 已經好長一段時間失去對屋內擺設的興趣。

☐ 家裡有很多不用的東西。

☐ 還有些故障的家具或物品。

☐ 在家感覺更疲憊、沒有活力。

☐ 家中有很多瑣碎的雜物。

☐ 家具擺設或物品的位置，在住進來之後就一直沒有變過。

☐ 假日待在家裡覺得很累，出門反而感覺比較自在。

☐ 從外面回來看到雜亂的家，先嘆口氣。

☐ 家裡需要大掃除。

　　當覺得生活很煩悶時，人們總是會突然想去旅行。有些方法，可讓我們即使不出門旅行，也能在日常生活中享受旅行的感覺，那就是「整理」。

　　整理和旅行有很多共通點。

　　人們是為了擺脫過去，重新把見底的電量充滿而去旅行。

旅行可以同時讓我們休息，並帶來面對嶄新開始的力量。整理也是一樣。在開始做事之前把周遭整理乾淨，就能夠改變心情，也會更有動力。用不到的物品必須清掉，這樣才能夠用新的東西來填補空缺。

旅行時那些平時感受不到的自然風景，會讓人心曠神怡，外國的異國建築與景色，也會令人心動不已。新環境能帶給我們新的活力，那是在熟悉的環境中感受不到的。整理也是，進到一個整理得乾淨、悠閒、整齊的空間，會讓人覺得心情舒暢，也感受到莫名的悸動。

再長的旅行都有終點，旅行結束之後還是要回歸日常。有很多人認為整理是沒有盡頭的，但整理事實上總會結束。好好地整理完後，不僅能讓空間長時間維持整潔，同時也能在空間稍微變髒的時候就立刻整理乾淨。

最後，旅行與整理最大的共通點，就是這兩者都會成為人生的轉捩點。若你問別人他們什麼時候遇到自己人生的轉捩點，很多人都會回答「旅行的時候」。整理也是。把陳年的灰塵拭去、將過去的物品清理掉，那些複雜的煩惱、解不開的問題，彷彿都有了解決方法，未來的人生方向也露出一道曙光。

你是否也需要轉捩點呢？那麼現在這一刻，就是動手整理的最佳時機。

整理

創造人生的轉捩點

整理可以帶來改變

偶爾會有人問我：「為什麼要整理？」、「不會整理，生活也沒什麼問題啊?!」，遇到這種防禦性的問題，坦白說，我會有點慌張。但如果讀者能夠深刻體會我的經驗，以及整理力社團的會員經歷，或許就會期待他的生活在經過整理之後會有一些改變。從這花不到五分鐘的整理行為當中，可帶來意想不到的內在變化，也會因此走向新的人生。

不只是整理，而是面對過去

某天，整理力社團上有人貼出了一篇「圍巾整理心得」。名叫 Trust Me 的這位會員參與了一日一整理計畫，那天是她整理圍巾的日子，她為了完成這個任務，好不容易把那些塵封在衣櫃角落的圍巾給翻了出來。

「我不太喜歡戴圍巾，但我媽媽很喜歡。整理她的遺物時我也留了幾條下來，雖然知道我不會用，但卻無法丟掉這些東西。趁著這次整理的時候，我把脫線的、絕對不會戴的那些圍巾挑出來丟掉。雖然那些是媽媽的東西，讓我有點心痛，但我只把那些我會珍惜的留下來，剩下的都丟了。」

　　整理遺物不是件容易的事，過世母親喜歡的物品，要「整理」確實也讓人心理上不太好受。不過她在結束這個計畫，回顧過去一百天時，依然選了「整理圍巾」為她最滿意的過程。不太常戴圍巾的她，也開始使用母親留下的圍巾了。

　　她不只是整理物品而已，更是藉著整理圍巾，回顧自己對母親的記憶與自己的情緒，並面對過去刻意遺忘的悲傷。

　　人生在世，都會經歷許多失去。失去家人、戀人、寵物等，與深愛的對象分離總是痛苦地令人難以承受，而這種失去的感受，長期下來會讓我們陷入憂鬱，也會使意識一直停留在過去。為了療癒這些失去的痛，讓自己回歸健康的日常生活，我們一定需要哀悼。

　　對 Trust Me 來說，整理圍巾不只是單純的整理物品，而是一個哀悼的過程。現在母親的圍巾，對她來說不再是壓抑悲傷的遺物，而是回憶母親，並讓日常生活變得更加美麗的物品。

　　整理並不只是單純的物品搬運或移動，藉著整理物品，我們好不容易把空間打掃乾淨，讓那個陷入混亂的世界回歸正軌。那些需要整理的物品，都寄宿著各自的故事和情緒，肯定有著丟不掉的原因，或是讓我們無法整理，始終放置在那裡的問題。

　　因此，整理物品也會自然的幫助我們整理情緒，為那些遲遲未能畫下句點的感情做個結束，然後，在不知不覺間，重新

站在新的起跑線上。結束就是另一個開始，所以整理既是過去的結束，也是邁向新起點的轉捩點。我有一位朋友，她藉著整理周遭環境決定重新出發，並邁入人生重要的階段，來看看她的故事。

重新出發

我時常和前同事亅見面。她是我在大學畢業剛進入職場時認識的朋友，不知不覺間已經到了適婚年齡。每次見面，我都會順帶問候她那交往已久的男友。這次見面我小心翼翼地問她說「現在也差不多該結婚了吧？」

「嗯，我本來就要跟妳說這件事，我明年要結婚了，但不是跟妳知道的那個人。」

男女交往、分手是很常見的事情，雖然也是無可奈何，但她跟交往七年的男友分手，接著又跟交往不到一年的人結婚，這真的讓我很驚訝。雖然很想問到底是怎麼回事，不過感覺有點沒禮貌，所以我忍住沒問，但她似乎看穿了我的想法，於是便靜靜地說。

「我想我應該是命中注定要嫁給別人吧，跟之前交往的男友分手之後，我痛苦好久。因為已經是適婚年齡，家裡也一直

催我快點結婚，我們分手之後家人真的很失望。畢竟他常去我家，也幾乎像家人一樣。不久前我搬離家中，在公司附近找了新的房子，搬家的時候一邊丟東西，一邊購買新的生活用品，發現整理掉不少與前男友的回憶，也開始可以承受這種痛苦了。內心也變得比較輕鬆，有時間可以看看四周的狀況，接著就出現了意想不到的緣分。應該說就是這個契機，讓我可以好好地看看身邊跟我有緣分的人吧。」

聽完她的故事，我想起〈重慶森林〉這部電影。

這部電影裡，也有一個跟她同樣遭受失戀之苦的警察（梁朝偉飾）。他總是為了擔任空服員（周嘉玲飾）的女友，到小吃店買沙拉。但某天，女朋友卻在那間店留下一封信給他，信中除了告知分手之外，還有他家的鑰匙。

失戀的他和家中所有的物品對話，他會看著已經滿是破洞，沾溼了的破爛毛巾說：「不要再哭了，你到底要難過到什麼時候？」，也會看著幾乎快要用光的肥皂說：「你怎麼瘦成這樣，要有點自信」，再不然就是打開水龍頭，一邊清理淹水的房間一邊說：「本以為你很堅強，沒想到居然會哭成這樣，人只要拿衛生紙擦眼淚就好，但房間要是哭了，整理起來真是不得了」。他甚至沒把女友留下的空服員制服給丟掉。

偷偷暗戀梁朝偉的小吃店店員阿菲（王菲飾），偷拿了那

把留在小吃店的鑰匙，潛進梁朝偉的家。她戴上橡膠手套，一邊播著 Mamas & Papas 的暢銷單曲「California Dreaming」，一邊清理家中各個角落的灰塵，還順手洗了衣服。將梁朝偉與女友一起用過的床單、桌巾、漱口杯都換掉，並把大白熊玩偶換成加菲貓玩偶。

她放了幾條金魚到魚缸裡，也把破掉的毛巾和用完的肥皂換新，那套空服員制服也藏到看不見的地方去。

清理後的新機遇

她把梁朝偉熟悉不已的空間煥然一新，但停留在過去的梁朝偉卻以為是「女友回來了」，完全察覺不到家中的改變。接著就在某天，王菲又偷跑進去打掃房子，發現不對勁的梁朝偉便在這時偷偷回家，才終於發現過去他所感受到的改變，全都是王菲的所作所為。於是梁朝偉便被王菲吸引，希望可以更進一步地了解她。

未來是難以預知的，分手的戀人留下的公寓鑰匙，或許會是一段新緣分的開端，這是任誰都難以想像的事情。就像家中那些被更換的物品一樣，環境的改變也會給內心帶來轉變。與新的環境、新的物品相遇，不就是幫助我們能夠在與新的人相

遇時，不要感到尷尬的準備嗎？清空之後，就可以用新的東西來填滿，這是再理所當然不過的事。

　　J的朋友當中，肯定也有人聽聞她要結婚的消息之後，感嘆愛情的變幻無常，也會有好事的人隨便批評她太無情。

　　但是我們都很清楚，這世界上所有事物，都有一定的保存期限。丟東西並不是一件容易的事，結束一段緣分對每個人來說，都是很痛苦的決定。

　　時光荏苒，現在她已經年過三十五，要再跟別人展開一段新的戀情並不容易，要脫離父母的照顧，展開全新的生活，也不是件輕鬆的事。她肯定很害怕新的開始，要跟熟悉的事物分離也十分困難。但她並沒有沉浸在過去的回憶與悲傷裡，窩在房間角落什麼也不做。而是鼓起勇氣，將過去建立起來的事件清空，並用重新來到她生命裡的緣分填滿那些空缺。

　　就像鼓起勇氣邁向新生活的J一樣，即便在生活中遇見意外的悲傷與考驗，我們依然要繼續前進。而要往未來繼續前進的那小小勇氣，正是來自於整理自己身處的周遭環境。

清空是需要練習的

「整理的開始就是丟棄」這句話，應該很常聽到。光是丟掉不需要的物品或是長時間未使用的物品，就可以讓家中煥然一新。不過「會不會哪天派上用場」或「這東西包含了很多回憶」這種想法會讓人們猶豫，也使人經常陷入無法丟東西的狀況當中。

東西就這麼一件一件地累積起來，最後走到無法收拾的地步。而這樣的時間一長，要丟東西就會開始讓人感到不安。說看到那些堆積如山的物品，會莫名感到心安的會員們透露，每次想到要丟東西就會覺得焦慮。

上面這個案例，就顯現出在丟東西的過程中所經歷的不安。要丟掉那些他們很執著的物品，那樣的情緒就像是自己也要跟著消失一樣的害怕，或是要丟棄回憶一樣的空虛。

這段時間以來，我常聽到無法捨棄多餘物品的社團成員，以及擔任整理顧問時，接觸到的顧客們敘述自己的經驗，發現沒辦法丟東西的原因，大多是來自於成長過程中的生活習慣，或是該物品寄託了過去的悲傷回憶。所以丟掉物品這個行為，其實就是面對過去的回憶與情緒，就是要清理情緒、減輕不安的行為。

不安是什麼？當人們無法定義自己的情緒時，通常會用「很不安」來表達這種感受。但不安如果是源自於自身狀況與情緒

的不確定性，進而使我們無法有新的開始，那麼就應該藉著練習把自己清空，來明確地掌握這樣的情緒，進而克服這份不安。

我們不能只停留在過去，也不可能將所有過去背負在身上。或許比起這些熟悉的負擔，不熟悉的整理反而讓人更有壓力也說不定。所以整理才會需要勇氣。整理家中的物品，放進全新的東西，就是把內心的情緒清空，迎接全新環境的過程，好讓我們繼續前進。

人雖然會害怕空虛，但也同時具有填滿空間的渴望。在清空一個地方的時候雖然會瞬間讓人感到不安，但用新的東西填滿空蕩蕩的空間，也是令人感到喜悅且滿足的時刻。而那也會成為我們意想不到，最令人感到驚奇、新鮮的體驗。所以我想告訴那些正在猶豫的人們，你們可以大膽地把過去的東西都清空。

但究竟該怎麼開始清理呢？為了克服不安，以新的事物填補這些空缺，我們必須有意識地練習清空自己，當然，是要從最簡單的階段開始。

每天丟東西

現在馬上就能開始的，就是找一個時間丟東西。首先，準備一個二十公升的垃圾袋，一個設定十五分鐘的計時器，在時

間到的鈴響之前，拿著垃圾袋在家中四處走動，想辦法把垃圾袋裝滿。既然是要燒掉的，無論是什麼都可以丟，就這次不需要擔心垃圾分類的問題，盡情地丟吧。

一開始你可能會想「要怎麼把垃圾袋裝滿」，但拿著垃圾袋在家中四處走動，開始把東西往裡面塞之後，你很快就會有把垃圾袋裝滿的神祕體驗。人類心中那想要填滿的慾望，也可以用在填滿垃圾袋這件事上。

接下來要做的事情，就是每天丟一個東西。從那些用不到的原子筆、已經用完的洗髮精瓶子等垃圾，或是重複的物品開始下手。如果更積極一點，可以星期一丟一個、星期二丟兩個、星期三丟三個……星期天丟七個，以固定的規律來練習丟東西。

學習丟東西

接下來，就要著手丟掉那些不知道該不該丟，所以一直放置沒有處理的東西。如果想要做到這一點，就必須學習丟東西的方法。像是丟藥品、燈管、乾電池、沙拉油的方法，或是去找社區裡回收這些物品的地方。

這樣一來，你自然會了解專用垃圾袋究竟分成幾種。可燃垃圾只能丟進常用的專用垃圾袋，而不能丟焚化爐的不可燃垃

坂，則必須另外分類好再丟棄。

棉被就是一個會一直放著沒去處理的代表物品，經過上面一番努力之後，你會知道棉被要用大垃圾袋裝起來丟掉。

接著你會開始關注回收，知道哪些材質的東西可以回收、哪些不能回收，開始注意原本不會特別注意的回收標誌。並熟知丟棄像家具這種大型廢棄物的方法。

可上網查詢大型家具的指定回收地點，而廢棄的家電只要透過政府推動的回收服務就能獲得處理（編註：可上網搜尋「行政院環境保護署：資源回收網」參考相關資訊）。

二手出清或捐贈

比起直接丟掉，你也可以選擇雖然有點麻煩，但是比較合理、比較有意義的清理方法，那就是二手出清或捐贈。以二手價將昂貴的物品賣出，還可以獲得一些額外的收入。可以加入網路的二手社團或社區社團，寫一篇像是正式文案一樣非常吸引人的文章，貼到社團裡面博取大家的信任。

收到成員的回應又順利成交的話，就再好不過了。為了贏得迅速匯款買家的信任，你會更認真地把賣出去的物品包裝好、很快地拿去寄送。這樣帶來的額外收入，就可以拿去跟家人一

起到餐廳用餐，或是買下之前一直猶豫不決的奢侈品。

　　要處理大量的書籍和衣服時，可以委託專業的回收業者，秤斤售出。但獲得的回報和出售的分量相比可能不成正比，那樣的空虛感可能會讓你再也不願意隨便花錢亂買東西。

　　捐贈與出清，是一種把空間清出來、把心填滿的方法。有一些業者提供免費到府收件，也有免寄送費的宅配業者。即使是你要出郵資，也會產生一種這筆費用是用在做好事上的想法，這也能讓你更爽快地付錢。

　　另外，有些社福機構會將這些捐贈直接販售，並將那份收入拿來幫助需要的人，或是將物品寄送到第三世界國家的非政府組織，也可上網搜尋這些機構團體，比起直接丟棄，分享或捐贈以幫助他人，這樣的想法更會讓人感到滿足。

消滅囤積物品的空間

　　很快地，你就會迎接沒有東西需要再丟掉、販售、捐贈的時刻。如果你還是想要更簡單的生活，可以再提高難度。那就是消滅囤積物品的空間。所謂囤積物品的空間，指的是類似用來裝東西的籃子、盒子、家具等。想要消滅這些空間，就務必要把裡面的東西整理乾淨。

如果是那些長時間放在角落的物品，肯定是不太會用到的東西。冷靜地判斷這些東西不會再使用之後，就可以把它們處理掉。

必須的物品就放到新的位置，這些囤積的空間愈少，閒置的物品也就會跟著減少，空間也會愈來愈大。

挑戰難以丟棄、充滿感情的物品

最後一個階段是把用過的東西都清空，和寄託了回憶、與情感有聯繫的物品道別。還有要把重複的物品，或是偶爾會用到，但可以用其他物品替代的東西丟掉。舉例來說，像是丟掉電煮壺，用鍋子來煮水，或是丟掉切奇異果專用的刀子，改用一般的水果刀，再不然就是丟掉書桌或化妝台的椅子，改用餐桌椅等。

在這個階段，你會自然地熟悉以個人的移動來取代購買重複的物品這種行為模式。比起過度的便利，更重要的是生活的從容。

跟回憶有連結的物品，像是令你愛不釋手的物品等等，也都是可以試著挑戰丟棄的對象。感覺難以丟棄的回憶物品，包括十年來都沒看過的畢業紀念冊、五年前孩子滿周歲時用過的道具、結婚時穿過的禮服等，雖然要下定決心把這些東西丟掉並不容易，不過一旦丟掉之後，就會感到非常輕鬆，同時也發現過去讓自己放不下的其實是對那段感情的執著。

　　　一日一角落，每天 15 分鐘，無痛整理術

CASE 1

我居然能把充滿回憶的物品清空了

by yeonlove

　　看完大家寫的心得之後，我決定也鼓起勇氣寫一下自己的心得。我是在很貧窮的環境下長大的，那是充滿飢餓、一無所有的回憶。我媽媽總是會去回收站撿東西回來，說那些東西總有一天會派上用場，從來不曾丟掉那些東西。所以狹小的家，總是堆滿了各式各樣的物品，而我似乎也已經習慣那樣的環境。

　　長大之後，我住的學校宿舍、租屋處，以及結婚後的家，仍舊堆放著許多物品。幾百枝沒在用的原子筆全都放在筆筒裡，那些不會穿的衣服、鞋子，甚至是五年前買的拖鞋我都沒有丟掉。

　　丟東西對我來說，是一件感覺很奢侈、有罪惡感的事。那些都是很重要的東西，都有不一樣的回憶，實在沒辦法輕易丟棄。妻子總說用不到的東西就要丟掉，也因此我們開始吵架，吵了一個月左右，我開始接受整理顧問的諮商。

　　那時我才終於明白：「啊！原來我沒辦法丟東西都是有原因的！看到那些堆積如山的物品讓我感到安心，太太每次說要丟東西，就會讓我覺得不安。或許是因為小時候家境清寒的關係吧。」

　　雖然現在生活還算寬裕，但要改變環境真的不容易。最後我好不

容易提起勇氣，把東西一件一件整理掉，一邊實踐一日一整理計畫，過程中也遇到許多困難。在整理鞋櫃的那天，我突然哭了。一邊想著我終於要丟掉這些東西，一方面也在思考為什麼過去始終沒辦法把這些東西丟掉，這到底算什麼，為什麼我這幾年來始終沒辦法放棄它，因為對自己失望而哭了出來。

把東西都丟掉之後，最讓我有感觸的地方，是我希望現在自己的鞋櫃裡，可以放滿漂亮的鞋子。或許有很多人都有跟我一樣的煩惱，一直沒辦法丟東西。但希望各位總有一天，會遇到要把東西整理、丟掉的時刻且之後肯定會有意想不到的收穫。我的文筆不太好，感謝大家看到這裡。

一日一整理計畫的事前準備

有句話說「雖然吃不下一頭牛，但可以輕鬆吃下一盤牛肋排」，整理也是一樣。雖然無法一次把生活整理乾淨，但卻可以花一點點的時間整理好一格抽屜。把每天要整理的部分，當成是可口的牛肋排，這樣無論是誰都能夠用心品嚐、享受了。

一、整理的四個項目及四個階段

本書共分為四個主要整理項目，每個項目都很重要，其中包括了日常生活中一定要整理清楚的資源，以及為達以下目的的具體任務：

空間：減少不用的東西，將物品收納在適當的地方。

時間：減少不必要的時間浪費，把時間用在重要的事情上。

關係：少和會給你帶來壓力的人碰面，把心力放在重要的人身上。

金錢：減少無謂的浪費，配合價值與目的存錢。

每天的任務分成「清空─分享─填滿─充實」等四個階段，也有少部分的任務是只要分為一、兩個階段就能完成。

清空：清除那些不符合目的、和個人價值觀相去甚遠的物品。

分享：將物品分類，分送給更需要的人。

填滿：把東西放到適當的地方，合理地購買必要的物品。

充實：清空、分享，以新的東西填滿之後，就會覺得自己的空間跟生活更加充實。

二、收納工具的運用方法

只要好好運用收納工具，整理起來就會更輕鬆。尤其是牆面或層板下方的多餘空間，都能做收納之用。了解基礎的收納工具與運用方法之後，就可以事先準備、計畫，測量尺寸的尺、筆、標籤是必備物品。

籃子、盒子：籃子和盒子是最經典的收納工具。材質和尺寸都很多變，所以要依照自己的分類方法和家中的擺設風格來選擇。必須讓冷氣流通的冰箱、排水功能好的浴室等，通常會使用網狀的籃子或是鐵製的盒子。

　　有蓋子或是組合式的收納盒，則適合放在陽台或倉庫。有
分格的籃子適合用於雜物較多的廚房抽屜、文具、化妝品、圍
巾收納。而像文件盒這種上面和側面都挖空的收納工具，則適
合收納長度較長的物品，抽取也比較方便，也可以放在廚房收
納平底鍋。

層板：在沒有層板的地方加裝層板，就可以收納更多東西，使
用起來也更方便。夾式層板呈現ㄩ字型，可以掛在書桌、流理
台、天花板、冰箱等地方使用。雙層層板則可以用來收納不同
種類的器皿，在廚房加裝層板，下方可以放盤子，上面則可以
用來放碗。流理台下方的排水管處，也可放置一個二至三層的
層架，用來收納湯鍋、平底鍋、濾網等廚具，要拿取的時候也
很方便。

夾鏈袋：因為是透明的，所以能馬上知道裡面放的是什麼，也
可以在袋子外頭用油性筆寫上保存期限等資訊。在廚房可用來
裝處理完的食材，或是用剩的食材；在客廳則可用來裝藥品、
電子產品的零件、產品使用說明書；在書房可用來收納收據、
雜誌剪報；在小孩的房間可用來收納小玩具、拼圖、紙牌、貼
紙等。

　　尤其在旅行時特別有用，可用來裝休閒用品（泳衣、泳帽、
泳鏡）、衣服、化妝品、電子產品、護照或各種證件影本、收

據等物品。

扣環、毛巾架、掛衣桿、鉤子：掛式收納的優點在於拿取方便、容易晾乾，使用起來也比較衛生。可配合空間的特色，選擇吸附式、黏貼式、螺絲式等。建議確認好空間的長度和負重力再選擇，才不會造成無謂的浪費。另外，如果能在玄關或鞋櫃的地方裝鉤子，就可以用來掛雨傘。裝在廚房則可用來掛廚具；裝在浴室可用來掛牙刷、沐浴球、打掃用具等，也方便晾乾這些物品。毛巾架和掛衣桿也很有用。在鞋櫃裡裝兩根平行的掛衣桿，就能當成簡易層板使用；廚房流理台下方的櫥櫃裝上毛巾架，可以用來掛抹布；裝在衣櫃門上的話，則可用來掛圍巾或領帶等。

三、整理原則

整理過程中，有些一定要遵守的整理原則。希望各位在整理之前務必閱讀，整理過程中也務必留意。如果不遵守這些事項，那不僅會打斷你的整理工作，更可能會使環境比整理前更雜亂。

重點 1：在可負荷的範圍內，決定好每天要整理的分量。像是一格抽屜、十張文件，一天十五分鐘，這樣才不會讓人敷衍了事。

重點 2：整理完一個空間，完美收尾之後，再去整理下一個空間。這樣才會有成就感，整理的慾望才會持續不斷。要從最簡單的空間開始，一個一個完美地整理乾淨。

重點 3：要清掉的物品應該盡快拿到外面去丟掉。想著「之後要捐出去、要送給誰」先堆放在一邊，就會沒有進展、妨礙整理工作。

重點 4：不要想太久，愈想就愈會留戀、愈執著。要設定計時器，幫助提醒自己整理結束的時間。

重點 5：用計時器來計算時間，就要在計時器響起之前盡快採取行動。身體動的愈快就愈有動力，心態也會更正面。

四、一日一整理的開始

　　一日整理一角落，就從寫下整理的誓言開始。你跟愈多人說，成功的機率就愈高。可以在社群網站上或通訊軟體的群組裡，公告自己的挑戰，收到大家的鼓勵之後你的決心就會更堅定。

〈第一階段〉
....
　　想想整理對我來說是什麼？

- 整理要是順利，會產生什麼改變？
- 是否曾經因為不整理而浪費？
- 我沒辦法整理的原因是什麼？

〈第二階段〉

思考以下問題，誠實作答。

- 每天至少可以花多少時間來整理？
- 每天最適合整理的時間帶是什麼時候？
- 讓我難以開始整理的最大障礙或是妨礙是什麼？解決方法是什麼？

〈第三階段〉

寫下關於獎勵、實踐計畫、覺悟的整理聲明。

獎勵要像二十天、五十天這樣細分，愈是可以立即獲得的獎勵就愈有幫助。

所謂的整理，最好在下定決心的時候就開始。整理力社團的「一日一整理計畫」，會配合新年從一月一日開始實施一百天，第二次則在九月到十二月舉辦，一年共舉辦兩次。

因為在一年的開始與結束展開整理工作，具有很多不同的意義。一百天的整理計畫結束之後，如果覺得當時整理的不夠

好、整理計畫功虧一簣的話，就可以配合新的計畫，針對需要額外加強的部分重新整理。有些參加者覺得參與兩、三次都不夠，對整理的要求非常高。

另外，也可以再提升難度。像是決定把沒能清空的東西清掉，或是完全不要有任何盒子、籃子或家具，再不然就是尋找合適的收納工具來使用等等。

2

玄關

一個家的門面

從玄關開始整理起

如果下定決心要整理住家，只要從最需要整理的空間開始就好。小小的書桌、餐桌、孩子的房間，哪裡都沒有關係，但不要選擇太難的地方，要從簡單的地方開始。建議從窄的空間開始，盡量不要選擇寬廣的空間。

本書為了方便，將從家中最小、整理起來最讓人有感覺，也最容易產生成就感的玄關開始介紹。

玄關是一進門就要面對的空間，也可以說是一個家的門面。但一看到雜亂無章的玄關，就會讓人感到不耐煩。家應該是個舒適、溫暖的地方，若雜亂的玄關成了這個家的第一印象，那一回家就會讓人很有壓力。

但玄關是個不到一坪的空間，只要下定決心把玄關整理好，從外面回家時就會感覺心情很好。

仔細看看自家的玄關，對照下表進行確認吧。

☐ 鞋櫃裡塞滿了鞋子。

☐ 鞋櫃裡有很多雜物。

☐ 有好幾雙不穿的鞋子。

☐ 有一些需要洗的鞋子。

☐ 雨傘數量比家庭成員人數多。

□ 有壞掉的雨傘。

□ 沒在用的運動球拍、亂成一團的跳繩等等。

□ 堆滿宅配的物品或是鞋子、盒子、雜物。

　　如果滿足五個以上的條件，那就真的急需你投注精力和時間了，先把讓玄關變得更狹窄的非必要物品清到外面去吧！

急需整理的物品

· 需要清洗的鞋子（清洗完畢再放回去）。

· 穿起來不舒服的鞋子。

· 退流行的鞋子。

· 放太久壞掉的鞋子、鞋底變薄的鞋子。

· 壞掉或是有破洞的雨傘。

· 放太久的鞋油、過多的鞋拔。

· 許久沒用的鞋墊、鞋帶。

· 占據太多空間的超大工具箱（移到倉庫）。

· 不常使用的運動球拍、球（移到倉庫）。

· 沒在用的防塵袋、鞋盒。

接下來就依照家人的身高順序安排收納位置，將收納空間平均分配給每位家庭成員。如果能用標籤清楚標示，就可以幫助大家養成自行整理的習慣。有季節性的鞋子可以放在最上面那一層。

　　長筒鞋只需要拆掉一個層板，這樣收納空間就會變大。在收納孩子的鞋子時，可以在中間裝兩根細的掛衣桿，這樣可以將收納空間分隔為上下兩個部分，收納空間就會變成兩倍。

　　如果鞋子很多，建議可以運用鞋架。鞋架分為單雙整理架和兩雙整理架，單雙整理架可以比較清楚地看見放在整理架下方的鞋子，所以個人比較推薦單雙整理架。

　　雨傘建議掛起來，而不要用傘筒。可以裝設掛勾或是收納桿，將雨傘的握柄掛在上面，折傘可以用 S 型鉤環掛起來，這樣雨傘就不會雜亂無章地疊在一起。

　　可以在玄關門旁或鞋櫃旁邊裝一個收納架，用來掛鑰匙、購物袋等，這樣出門時就不容易忘記。也可以放一些香水或掛個鏡子，出門之前可以最後再整理一下。如果家中有年幼的孩子，玄關的地板上也可貼上鞋型貼紙，這樣可以幫助孩子養成自己收納鞋子的習慣。

購物袋

　　因為覺得購物袋可以重複使用，所以人們總是會蒐集大量的購物袋。建議大家可仔細回想一下最近一個月來，使用了多少購物袋，然後留下固定的量就好。

準備物品　無

整理守則

第一階段：依照大小決定要留下多少購物袋。

第二階段：依照大小分類（大、中、小）。

第三階段：依第一階段決定的數量，留下好看、堅固的購物袋。

第四階段：用最大、最堅固的購物袋，把留下的購物袋裝起來。

- 將開口提繩的部位朝下，收納時會更整齊。

第五階段：訂出原則，不讓購物袋隨意增加。

- 放入一個，就要拿出一個。

- 養成盡量不拿購物袋的習慣等。

Day (2)

塑膠袋

　　如果想要看起來整齊、取用方便的話，那就試著把塑膠袋摺起來吧。就算不知道到底為什麼要摺塑膠袋，也還是姑且試試看再說。我們要感受的，是整理帶來的喜悅，也就是整齊帶來的體驗。這裡偷偷透露一個祕訣，跟全家人一起邊看電視邊摺，就可以節省很多時間喔。

準備物品　收納籃或收納盒（配合數量選擇合適的大小）。

整理守則

第一階段：把家裡所有的塑膠袋拿出來（含專用垃圾袋）。

第二階段：配合收納空間，留下合適的數量，剩下的都丟掉。

第三階段：參考下一頁的照片，把塑膠袋折好。

第四階段：折起來的塑膠袋，放入收納籃或收納盒中。

第五階段：訂好規範，讓塑膠袋不會不斷增加。

　• 收納盒可以放多少塑膠袋，就只留多少塑膠袋。

　• 去市場的時候一定要自己準備購物袋等。

TIP 四方形折法

❶ 直的對折一次　❷ 再直的對折一次　❸ 橫的對折一次　❹ 從塑膠袋底部往上折約三分之一　❺ 把剩下的三分之一折起來,把多出來的部分塞進塑膠袋底部的洞裡　❻ 完成。

TIP 三角形折法

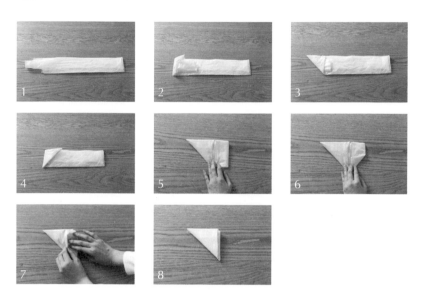

❶ 直的對折兩次 ❷ 提把的部分往內折 ❸ 將其中一端折成三角形 ❹ 利用剛折好的三角形開始，由下往上慢慢將塑膠袋折成一個三角形 ❺、❻ 把多出來的部分，折成像步驟❻這樣可以塞入三角形裡固定住不散開的樣子 ❼ 多出來的部分往內塞入三角形中 ❽ 完成。

雨傘

　　我想大家應該都有過下雨時，從雜亂無章的傘架上抽把雨傘出門的那種不太愉快的經驗。而且傘架上的都是一些已經開花，或是印有商店標誌的雨傘，這更是讓人感到煩躁。如果能從乾淨整齊的傘架上，選擇一把最好看的雨傘帶出門，那下雨肯定就不會那麼討人厭了！

準備物品　雨傘架（或籃子）、鉤子、吊桿、吊環

整理守則

第一階段：把雨傘架或家裡的雨傘，以及一些雜物都拿出來。

第二階段：雨傘一把一把打開來檢查，挑選要留下哪些傘。破掉的、生鏽的、打不開的雨傘全部丟掉。

第三階段：把雨傘收好、綁好，放進雨傘的家。

第四階段：擺一個雨傘架或籃子，如果沒有傘架，可以掛上一個大小適中的鉤子或吊桿，為每個家庭成員的雨傘留下位置。

第五階段：雜物放到陽台倉庫或是雜物間。

Day (4)

鞋櫃

　　看到一個人的鞋子，就可以猜想他的一天過得如何。試著幫跟自己一起在外打拼一天的鞋子，準備一個像家一樣舒適的空間吧。那些穿起來不舒服、壞掉的鞋子，就毫不猶豫地清理掉，一起打造一個舒適寬敞的空間。

準備物品　報紙或布、掃帚（吸塵器）、鞋子整理架（單雙）。

整理守則

第一階段：在客廳鋪報紙或布，把鞋子全部拿出來。

第二階段：依照需求分為要穿的、要丟的、要洗的、要修的。

第三階段：配合家人的身高，分配鞋櫃的空間，並貼上標籤。

第四階段：把鞋櫃裡的灰塵擦乾淨。

第五階段：用刷子把留下的鞋子清乾淨，然後再依照下面的順序放進鞋櫃裡。

- 把下面的層板拆掉，放入高筒的靴子、長靴。
- 把有季節性的或是特殊情況才會穿到的鞋子，擺在最上面的層板。
- 空間要是不夠，就用鞋子整理架來增加空間。

Day (5)

玄關地板

　　玄關是為即將出門的家人送行的最後一個地方，對進到這棟房子的人來說，玄關也代表這個家的第一印象。因為空間很小，所以很容易亂，但也因為空間很小，所以只要花五分鐘整理好，就能讓人心情變好的空間。

準備物品　掃帚（吸塵器）、貼紙或是壁貼

整理守則

第一階段：把玄關地上的東西放整齊。

第二階段：把玄關的灰塵掃乾淨，並用抹布擦拭。

第三階段：如果家裡有小孩，那就在地上貼鞋型貼紙或壁貼。

第四階段：把出門時要帶的物品放在玄關。

- 香水和鏡子要放在玄關。
- 預留家鑰匙、車鑰匙、信用卡與皮夾、購物袋的空間。
- 如果有在使用芳香劑，也可以放在玄關。

廚房

做出美味料理的空間

整理廚房要用對方法

空蕩蕩的流理台與水槽、整齊的廚具，絕對是大家的夢想。
但無論再怎麼勤勞地打掃廚房，用錯了整理方法，廚房依然容
易變得一團亂。看看自己家的廚房，是否如同以下這些描述。

☐ 過期的醬料還放在冰箱裡。

☐ 有很多外送食物的容器，或已經變色的密封容器。

☐ 仍在繼續使用塗層已經剝落的平底鍋、湯鍋。

☐ 有超過一個以上的抽屜拿來放拋棄式用品。

☐ 沒有經過事先規劃，想到就把杯子或餐具拿出來使用。

☐ 餐桌和流理台上的物品四散各處。

☐ 沒有在使用的家電放在一邊，積滿了灰塵。

☐ 上下櫥櫃仍留有很多空間。

☐ 食品、廚具、餐具混在一起。

如果滿足五個以上，那廚房就很需要你的愛和動手整理。
請參考以下標準，試著從收納開始，在丟棄清單上的物品要全
部丟掉，才能正式開始整理。

要丟的東西

- 塗層剝落的平底鍋、湯鍋
- 有味道或是有刮痕的塑膠製品
- 有點破掉的玻璃製品和瓷器
- 生鏽的銅、不鏽鋼製品
- 無法確認保存期限的食品
- 使用頻率低的一次性用品
- 一年以上沒用的廚房家電
- 孩子小時候使用的餐具、磨牙棒、副食品製作工具等
- 不喜歡或是不太用的廚具與碗盤

　　每天要用的餐具，建議可以配合家中人數，放在層板靠外面的地方。只把常用的、數量最剛好的用品拿出來放在外面。依照餐具、廚具、密封容器等用途分類、成套放好。

　　擺放物品在流理台上時，可以同步思考動線，這樣使用起來會更方便。而水槽下方，可以放湯鍋、濾水盤、不鏽鋼盆等，流理台附近則可放密封容器，瓦斯爐附近可以放平底鍋、調味料。

　　密封容器或湯鍋，要從體積大的開始依序往上堆疊。像杯子這種體積小數量又多的物品，可以像便利商店陳列商品那樣擺放。碗盤或平底鍋這種底部寬大的器具，則可以用支架或是平底鍋架直立收納，這樣拿取方便，看起來也比較整齊。

Day (6)

餐桌

餐桌乾淨整齊、空無一物，就可以讓全家人聚在一起溫馨用餐，也可以享受悠閒的午茶時光，更能夠當成工作桌使用，是非常萬用的空間。

準備物品 收納籃或抽屜

整理守則

第一階段：把餐桌上的東西全部放到地上。

第二階段：丟掉已經過期的保健食品、茶、空盒。

第三階段：那些不該放在餐桌上的物品，如信件、書等，應該要放回原位。

第四階段：零食、保健食品等裝在收納籃或抽屜裡，放在固定的位置。

第五階段：為了保持餐桌整潔，要訂定收納規範，並將規範跟家人分享。

・東西吃完之後，碗要立刻拿到水槽去放，餐桌上不要放個人物品等。

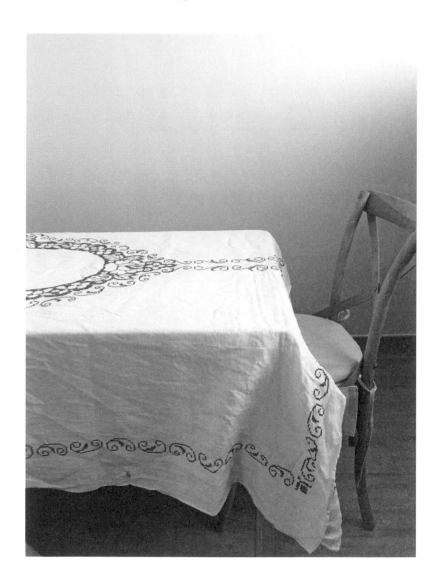

廚具與餐具

　　整整齊齊、分門別類是整理的最大重點。整齊的廚具和餐具，不僅視覺上看起來美觀，使用起來也很方便。忙碌的用餐時間，最好家中能有一個人幫忙大家擺放餐具。以類似公寓式酒店的房子為例，其中最常出現的就是空無一物的乾淨流理台。

　　如果希望容易堆滿各種雜物的廚房流理台可以乾淨整齊，建議應該要多加活用抽屜內的空間。籃子或分格收納盒是最不可或缺的物品，可以把東西分門別類收好。

準備物品 摺疊式掛勾、分格收納盒、收納籃

整理守則

第一階段：把廚具或餐具全部拿出來。

第二階段：用掛勾把常用的廚具掛在牆壁上。

第三階段：分格收納盒放在最上面的抽屜裡，用來裝湯筷、叉子等餐具。

第四階段：其他抽屜可以放好幾個收納盒，用來收納無法掛在牆上的打蛋器、湯杓、夾子、麵杓、篩網、削皮器等。

保鮮袋、衛生手套、夾鏈袋、抹布

　　如果每次要用夾鏈袋、保鮮袋、衛生手套時，都要整盒拿出來，應該會覺得很麻煩，而且這樣一來就算整理好也很快會弄亂。如果能不用整盒拿出來，而是打開抽屜就能夠一個個抽起來用呢？只要用對收納方法，就絕對不會造成任何麻煩。

準備物品　剪刀、收納盒

整理守則

第一階段：把夾鏈袋、衛生手套、保鮮袋、保鮮膜、錫箔紙全部拿出來。

第二階段：依照用途分類好，如果同時買了好幾個，那就留下必要的分量，剩下的庫存就先收進櫃子裡。

第三階段：用剪刀把產品的開口整個剪掉，這樣拿取比較方便。

第四階段：全部放在同一個抽屜裡，盡量不要疊在一起。

第五階段：然後再把抹布、菜瓜布、擦手巾等摺好，直的放入收納籃裡，然後放進另一個抽屜。

Day 9

廚房家電

　　不太常用的家電用品，如果只有在需要的時候才會拿出來用，這樣就可以最大限度地活用有限的空間。用籃子把家電跟一些配件裝在一起，要用的時候再一次拿出來，用完可以一併收起來。

準備物品　魔鬼氈、收納籃、標籤貼紙

整理守則

第一階段：把所有的家電產品（攪拌機、榨汁機、咖啡壺、烤土司機等）都拿出來。

第二階段：把一年以上沒有用的、故障的丟掉。

第三階段：把最常使用的電煮壺放在飲水機旁邊，烤土司機放在餐桌附近，電鍋則放在餐具附近。

　　・不用的時候把插頭拔掉，並在電線尾端貼上標籤標示。

第四階段：用魔鬼氈把電線整理好，如果有其他的零件，則一起裝進收納籃。

第五階段：偶爾會用到的東西就包起來，放在儲藏空間或是倉庫裡，常用到的就收在水槽下方或是放在流理台上方。

　　一日一角落，每天 15 分鐘，無痛整理術

密封容器

　　買東西送的塑膠容器、外送時用來裝食物的拋棄式容器、有臭味又放很久的容器，如果都沒丟掉，可以趁現在一次清乾淨。多使用可以清楚看見內容物的玻璃密封容器，不僅不用擔心環境荷爾蒙，而且衛生又方便，還可以用很久。

準備物品　　收納籃

整理守則

第一階段：把廚房的密封容器全部拿出來。

第二階段：把破掉、沒蓋子、有刮痕、有臭味、沾有食物殘渣、不耐用的，以及拋棄式容器都丟掉。

第三階段：把瓦斯爐下方或是流理台四周、上方與下方的櫥櫃都清乾淨。

第四階段：把容器分類，同類的容器堆成金字塔型（大的在下面，小的在上面）。

第五階段：冷凍庫專用的扁平容器，則可以立著收進收納籃裡。

杯子、水壺

　　如果一下子拿很多杯子跟水壺出來用,那要清洗的東西就會愈來愈多。家裡有多少人,就準備多少水壺就夠了。如果原本有一些漂亮杯子,是想等客人來訪時再使用,那現在不妨可以直接拿出來用,也可以為日常生活增添一些樂趣。

準備物品　收納籃

整理守則

第一階段:把家裡的杯子、水壺全部拿出來。

第二階段:把破掉、沒蓋子、斑駁的、已經沒在用的幼兒杯或水壺、不耐用的、拋棄式紙杯、塑膠杯等都丟掉。

第三階段:配合家庭人數,留下必要的杯子和水壺,剩下的都收進流理台下面的櫃子中。

第四階段:相同類型的杯子,可以模仿便利商店的陳列方式收納。

第五階段:如果有咖啡杯組,可以把盤子疊在一起,再把杯子放在上頭。

第六階段:水壺裝在收納籃裡,分開放在上下兩個櫥櫃中。

Day (12)

飯碗、容器、盤子

　　決定要拿多少碗盤出來並不容易，最好的方法就是只拿最低限度的數量出來就好。碗盤雖然很多，但可以利用各式層板、層架、籃子等收納工具，來更有效地運用狹窄的空間。

準備物品　碗盤架、雙層層架、夾式網籃

整理守則

第一階段：將日常生活中會用到的碗盤全部拿出來。

第二階段：因為太重所以很久沒有用到的、破損的、一年以上沒有用到的，全部都處理掉。

第三階段：將最低數量的碗盤留在容易拿取的地方，其他如果有需要再拿。

第四階段：偶爾會用到的碗盤則放在上面的櫃子，其他的則可以拿到儲藏室。

第五階段：依照盤子、飯碗、小碟子等種類放好。

第六階段：盤子放在盤子收納架上，碗可以利用雙層層架或夾式網籃來收納。

一日一角落，每天 15 分鐘，無痛整理術

Day 13

平底鍋

　　使用塗料的鍋子，每六個月就要換一次。有食物的味道或是有刮痕的話，就很可能會釋出重金屬物質。而不鏽鋼鍋可以用很久，也比較衛生，不過要養成使用前先熱鍋的習慣。所謂的極簡生活就是這樣。養成新的習慣，就可以讓生活更有效率。

準備物品　平底鍋整理架（直式或橫式收納型）、A4 檔案盒、文件盒

整理守則

第一階段：把平底鍋全部拿出來。

第二階段：塗料剝落、有味道、使用超過兩年的平底鍋全部丟掉。

第三階段：放在瓦斯爐四周（例如瓦斯爐下方的櫥櫃）使用起來很方便，但也可以依照空間的分配，放在水槽下面或是流理台上面。

第四階段：利用平底鍋整理架，或是 A4 檔案盒，垂直收納平底鍋。

第五階段：平底鍋蓋也可以一起收進整理架，或是另外拿一個文件盒來收納鍋蓋。

Day (14)

湯鍋

　　收納湯鍋的時候，大的要放在下面，小的再慢慢往上疊。如果有多餘的空間，可以一個個放在層架上面，這樣要使用的時候拿取也比較方便，或是放在較深、較寬的抽屜裡。不過大湯鍋不會常用，所以疊在一起收納就可以了。

準備物品　收納籃

整理守則

第一階段：把湯鍋全部拿出來。

第二階段：塗料剝落、生鏽、把手壞掉、沒有蓋子的都丟掉。

第三階段：不常用的（燉鍋、蒸鍋）裝在收納籃裡，放進儲藏室或是倉庫。

第四階段：常用的鍋子可以放在水槽或瓦斯爐下方。把蓋子反過來蓋上去，然後大的擺在下面，小的依序往上堆。

加工食品

　　只要把加工食品整理好，就會有一種家裡的糧倉被塞滿的踏實感，因為這樣就可以隨時簡簡單單料理一餐。加工食品的整理原則，就是把快要過期的產品挑出來放在比較外面的地方，盡快把它們吃掉。

準備物品　封口夾、密封容器、收納籃、分格收納籃

整理守則

第一階段：把罐頭（鮪魚或火腿等）、速食（泡麵）、點心類（餅乾、麥片）、茶包、即溶咖啡等可放在常溫下保存的加工食品都拿出來。

第二階段：把過期的、無法確認食品狀態的都丟掉。

第三階段：餅乾或麥片等已經開封的包裝，則用封口夾夾起來密封，堅果類、巧克力、糖果等則裝在密封容器裡。

第四階段：泡麵或料理包垂直放入收納籃中，罐頭可以三、四個疊在一起，像便利商店那樣陳列。

第五階段：茶包、速食等則用分格收納籃分類裝好。

Day (16)

調味料、醬料

　　用於特殊料理的醬料、大容量或是買一送一的特價醬料等，很容易被遺忘，然後就放到過期。不常吃的醬料建議還是買小包裝就好，常用的調味料就算買了大包裝，也建議分裝出來使用。

整理守則

第一階段：把調味料（粉末類、液體類、醬類）與醬料全部拿出來。

第二階段：將已經過期的、無法確認保存狀態的都丟掉。

第三階段：如果買的是大容量，可以用較小的容器分裝，並貼上標籤。

第四階段：依照常溫（放在避免光線照射的陰涼處）、冷藏、冷凍等保存方式分類。

　・常溫保存：醋、鹽巴、砂糖、料理酒、醬油、沙拉油等。

　・冷藏保存：各種醬料、辣椒醬、大醬、紫蘇油等。

　・冷凍保存：辣椒粉、芝麻、天然調味料、麵粉、麵包粉等。

第五階段：在收納籃裡鋪抗菌紙或乾淨的紙張，然後把醬料放進去收好。

Day (17)

冰箱（冷藏室）

　　冰箱可不是倉庫，只是暫時用來放超市買回來的新鮮食材
及料理過的食物。如果可以把冰箱整理得像是陳列架一樣，一
眼就能看清楚放了哪些東西，就可以避免東西放太久壞掉，或
是重複買到已有的食材等問題。

準備物品 食品分裝袋、天然廚房清潔劑（醋 1 大匙、小蘇打粉 1 大匙、水 1 杯）、噴霧器、密封容器、夾鏈袋、網籃

整理守則

第一階段：把冰箱門打開，把所有的食物拿出來。

第二階段：放太久有味道的東西、壞掉的食材、不吃的食物、過期的東西全部丟掉。

第三階段：把天然清潔劑調好，用噴霧器噴在冰箱的每個角落，然後用菜瓜布擦一擦，接著再用乾抹布把水完全擦乾。

第四階段：把原本用不透明塑膠袋裝起來的東西，改裝到透明夾鏈袋或密封容器中，大密封容器裡的少量食物，則換裝到小容器裡。

第五階段：冰箱最上層放要盡快吃掉的東西，才不會被忘記。跟視線一樣高的那一層，則放每天要吃的小菜，而醬菜、辣椒醬、大醬等較重的東西則放在最下層。

第六階段：冰箱保鮮盒則放要在一至兩天內吃掉的魚、肉，蔬菜、水果則用網籃隔出空間，不要讓所有的蔬菜水果疊在一起。

NOTE	冷藏室與冷凍室的食品保存期限

冷藏室	肉類	魚類、乳製品	小菜
1 至 2 天	絞肉	生海鮮、貝類、蝦子、烏賊	肉湯
2 至 3 天	雞肉	青花魚、醃青花魚	醃過的肉、湯與燉菜、熱炒類的小菜
3 至 5 天	牛肉、豬肉、火腿（已開封）	豆腐	
5 至 7 天	香腸、培根（未開封）	牛奶、Ricotta 起司	
1 至 2 週		奶油乳酪、豆漿、優酪乳	燉煮類的小菜
3 至 5 週		雞蛋、奶油	

冷凍室	肉類	魚類、乳製品	小菜類、零食
1 個月	培根	熟的海鮮、燻鮭魚、貝類、烏賊	醃過的肉、湯與燉菜
2 個月	雞肉、火腿、香腸	秋刀魚、奶油乳酪、優酪乳	熱炒類的小菜
3 個月	牛絞肉	青花魚、牛奶、奶油、冰淇淋	蛋糕、馬芬
4 個月	豬絞肉	牡蠣	麵包
6 個月	牛肉、豬肉	白帶魚與蝦子、鰻魚、醃青花魚、魷魚乾	炸好的炸豬排

冰箱（冷凍庫）

　　無論是食材還是食物，只要放進冷凍庫裡就萬無一失，冷凍庫成了可以彈指之間變出各種菜色的寶庫。所以只要能夠好好利用冷凍庫的特性，就可以一次做好很多餐的分量，再放進冷凍庫裡存放。而冷凍庫的收納原則，就是將所有的物品整理成能一眼就知道到底放了什麼的樣子。

準備物品　食品分裝袋、大盆子（解凍時使用）、夾鏈袋、冷凍庫專用容器、分裝專用容器、網籃、標籤貼紙

整理守則

第一階段：打開冷凍庫的門，把每一格的食物都拿出來整理。

第二階段：一一確認有哪些食物，將已經過期的放進大盆子裡解凍後丟掉。

第三階段：把原本用不透明塑膠袋裝著的食物，換到透明夾鏈袋裡。

第四階段：粉末或是乾貨等，則改用冷凍庫專用容器裝。

第五階段：每一層都放網籃，分別用來裝餅乾、加工食品、蔬菜、粉末、乾貨、海鮮、肉類等。

- 魚或肉一買回來，就依照每一次使用的分量分好，換裝到夾鏈袋或是分裝專用容器中，並在正面貼上食物的名字和保存期限。

掌握冰箱庫存

讓我們來運用《小資女的好生活習慣》作者介紹的冰箱整理技巧。這樣不僅可以把冰箱整理乾淨,還可以節省餐費,更能減少不知道要煮什麼菜色的煩惱。

準備物品 便利貼三張、筆

整理守則

第一階段:檢查冰箱內部,把冰箱裡的物品填入合適的分類中。

- 便利貼 1 ＜現在有的東西＞:冰箱裡的食材與小菜。
- 便利貼 2 ＜要料理的東西＞:用冰箱裡的食材可以做成的料理。
- 便利貼 3 ＜要買的東西＞:有哪些東西要補貨。

第二階段:按照以下的規則整理食材。

- 現在有的東西:食材用掉之後就刪掉,然後放入待購清單。
- 要料理的東西:已經做成料理之後就刪掉,再加入新的想法。
- 要買的東西:需要的物品達到三至五項之後,就可以去買便利貼上的物品,然後再換上一張新的便利貼。

Day (20)

流理台

　　看到空無一物的流理台，就會讓人有一種想很快用簡單的食材變出一些菜色的心情。如果流理台和瓦斯爐可以整理得很乾淨，那做菜的時候肯定會更開心！廚具可以掛在牆上，流理台上則盡可能不要放東西，這就是保持整潔的小祕訣。流理台要維持乾淨，最重要的基本要領就是用完之後，就立刻清理！洗完碗之後，要馬上把碗盤和廚具放回原位，只要遵守這些基本原則，整理起來就簡單多了。

準備物品 黏貼式掛勾、天然清潔劑（醋1大匙、小蘇打粉1大匙、水1杯）、噴霧器

整理守則

第一階段：將流理台和瓦斯爐上面的物品，全部放回原位。

第二階段：將掛勾貼在牆上，把常用的廚具掛上去。

第三階段：將瓦斯爐和流理台上的食物殘渣擦乾淨。

第四階段：把天然清潔劑調好，裝入噴霧器裡，大量噴在瓦斯爐和流理台周遭。

第五階段：用抹布擦乾淨。

掏空冰箱

　　「掏空冰箱」這句話是從一個叫做小氣鬼咖啡廳的地方開始流行起來的。這是一種為了節省餐費，只靠冰箱裡的食材做菜來吃的行為。這樣一來，就可以做出簡單又有創意的料理，自然就能夠達到整理冰箱的效果。

準備物品　冰箱內的食材、廚具

整理守則

第一階段：確認冰箱裡有什麼食材。

第二階段：想出可以運用家中所有食材的食譜，可以參考貼在冰箱上面，紀錄食材庫存的便利貼。

第三階段：把食材處理好，開心地做菜。

第四階段：跟家人一起享用。

CASE 2

整理力，接觸極簡生活後的改變

by 極簡主義者 Eun Sol

接觸整理力社團和極簡生活已經超過六個月了。這六個月來改變最大的，就是即使買一個很小很小的東西，也都會讓我想很久。

我會不斷煩惱這真的是必要的物品嗎？實用性如何呢？會是我一直需要用到的東西嗎？會不會很快就變成累贅呢？在買食物的時候，也會想這真的是我會吃的東西嗎？是真的對身體很好，還是只想湊滿額而買的食材呢？有沒有成分類似，但是比較符合我喜好的食材呢？

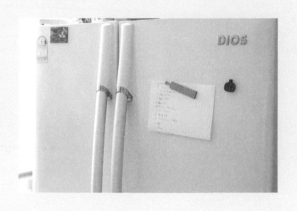

想到最後做出「買」的結論時，我就會盡量只買一點、盡可能買得愈少愈好。

以前都會覺得大包裝很便宜，但買了大包裝回家分裝放進冷凍庫，卻經常因為吃不完而丟掉。現在雖然每天都得去採購，但我還是會努力只買當日所需的蔬菜、豆腐、海鮮。這樣就可以總是用新鮮的食材做菜，食物的味道也變得更美味了，更不會有把吃剩的菜放進冰箱的事情發生。

還有，我永遠的助手，媽媽！我限制了媽媽買給我的食物種類與分量。雖然很感激她，但她買的分量實在太多，種類也很多，所以我常常吃不完丟掉。整理過冰箱之後，我也在避免讓她難過的情況下跟她好好說明清楚，現在她會控制分量跟種類，也因為這樣，最近我家的冰箱開始有了更多空間。

在整理力社團中，令我印象最深刻的一句話是「不買就沒事」。無法戰勝瞬間的物慾，買下那些根本不需要的東西、花了錢、占了空間，最後還是要把這些東西丟掉。雖然沒辦法完全不買，但我想，在買東西之前，都需要充分的思考。

接觸整理力社團之後，我開始慢慢執行一日一整理計畫，開始度過非常有趣、充實的每一天。今天也要為十五分鐘的整理加油！

整理娘家廚房帶來的喜悅

by 崔主婦

結婚之後，才發現我是一個會把冰箱裡的每一樣東西貼上標籤、把醬料罐一一擦乾淨、把盤子全部拿出來再慢慢重新擺放、整理的人。沒想到結婚之前就連洗碗都嫌麻煩的我，竟然有這樣的才能。

姊姊看到我這樣炫耀自己的家，便忍不住說：

「妹妹啊，我去買籃子之類的收納用具，妳要不要幫媽媽也把家裡整理一下？」

我突然驚醒，為什麼至今我都沒想過這件事呢？既然我這麼會整理，但跟媽媽住在一起的時候卻從來沒想過要做家事，都覺得那是媽媽的事情。於是我們姊妹便合力買了需要的工具、擬定收納計畫，趁著媽媽週六出門上班時，偷偷回娘家去打掃。

我們先把廚房的東西全部拿出來，該丟的東西丟掉，並配合流理台與廚房的動線把物品分類。

媽媽的東西很多。想要煮更多美食給孩子吃的那份心意，才促使她買了這麼多東西回家。那些因為可惜而丟不掉的東西、老舊的用品等等，全部都堆在同個地方。而在和這些數量龐大的物品努力對抗之後，廚房終於開始有了一點樣子。

因為我們也不能任意把媽媽的東西丟掉或是清理掉，所以沒辦法整理得像自己家一樣。但看到我們整理過後的廚房，媽媽像個少女一樣笑得心花怒放。

　　媽媽住在整理過的房子裡，心情變得很好，而那個笑容也讓對整理還十分生澀的我感到幸福。我也終於明白，稍微勤勞一下，就能夠帶來特別的喜悅和感動。

CASE 4

整理是比補品更有用的良藥

by 愛做夢

　　老公和我的個性天差地遠。他因為長時間過單身生活，所以有著自己的生活方式，是個已經很熟悉開放式收納的人。從衣服、背包、書本、藥盒到指甲剪，所有的東西都是用完就直接放在原處不會收起來，看到別人丟掉的東西還能使用，就會撿回家。

　　他會因為便宜，所以一次買三、四件同樣款式但顏色不一樣的 T 恤，朋友說太小穿不下的衣服，他也會帶回家塞進已經沒有空間的衣櫃裡。更誇張的是，他是一個無法斷捨離的人。

　　相反地，我是一個就算有點髒亂，也會想盡辦法掩飾的人。當然，我也很喜歡買衣服或是有的沒的東西，但跟老公不同的地方在於，我會只買一樣好東西，比起功能更重視設計。

　　這樣個性完全相反的兩人結婚之後，究竟發生過多少衝突，我想大家應該都猜得出來。曾經好幾次因為看不慣老公那些破舊的衣服而動手清理，最後兩人大吵一架，也曾經因為把好幾百本跟老公主修科目有關的書籍拿到外面丟掉，而差點離婚。

　　就這樣，兩人適時地放棄一些放了二十年，將這個三十二坪的小小公寓塞滿了各式各樣承載著歷史的物品。

我們常常不知道需要的東西放在哪裡而在家中徘徊，即使知道東西放在哪，也因為要拿出來實在太麻煩而作罷。

這樣過了二十年的我，之所以沒有辦法整理房子，完全是因為房子實在太小，而且老公又很不喜歡丟東西。

於是，到現在才開始進行斷捨離的工作，我才終於明白，我在囤積東西這方面也完全不輸老公。衣櫃裡的衣服和包包多到滿出來，抽屜裡放滿了各式各樣的物品，完全沒有整理，我是個只會整理眼睛所見之處的「整理白癡」。

最近我在閱讀與整理的力量和極簡生活相關的書籍，對這樣的生活感到很心動，所以兩個星期前我便從廚房開始著手整理東西。一天十五分鐘實在太短了，所以每天晚上我會花兩小時的時間整理，甚至會趁著老公睡覺的時候偷偷做垃圾分類。

兩星期帶來的改變幾乎就像奇蹟。原本下班之後只想休息的我，開始整理之後便有了改變。一到早上我就會立刻起床，用十五分鐘的整理展開全新的一天。整理床鋪、把已經陰乾的碗盤放回原位！洗好澡之後整理浴室、換上上班要穿的衣服，吃完早餐之後整理餐桌、洗碗、把遙控器放回原位等等。充滿活力地出門上班的樣子，連我自己也覺得「你好陌生」。

現在的目標是成功執行清空計畫和一百天內一日一整理計畫。今天上班之前，我也已經決定好要整理的地方、要丟掉的東西，等著

晚上回去處理。整理、整理、整理！你或許會覺得這聽起來好累，
但其實完全不會，現在整理對我來說，就是比補品更棒的良藥！

浴室

時時保持乾淨整潔

要維持浴室乾淨就要經常打掃

　　走進像百貨公司展示間一樣乾淨整齊的空間，就會讓人感覺煥然一新。早上充滿活力，到了晚上又能紓解疲勞，如果能有一個這麼棒的空間，那麼一天的開始與結束將會多麼幸福？但現實的情況，卻通常會讓我們想要假裝不知道那些水漬、黴菌、落髮、亂七八糟的打掃工具。

　　想要維持浴室乾淨，那就只能經常打掃。如果想要經常打掃，那就只能有最簡單的幾樣物品，這樣才能在每次洗澡的時候簡單擦拭一下浴室。仔細看看自己家的浴室，確認一下是否符合以下的情況。

□ 同時拿出好幾瓶洗髮精、潤絲精來用。

□ 有一大堆內容物還剩下一點點沒用完的容器。

□ 有放太久完全結塊的染劑、過期的面膜。

□ 有大量衛生紙、女性用品與未開封的沐浴用品。

□ 化妝品與保養品都散落在層板上。

□ 吹風機的插頭插在插座上。

□ 孩子的玩具隨便放置在浴缸、層板或地板上。

□ 刷子或清潔劑的容器上有水漬和黴菌。

☐ 老舊的拖鞋上面，沾滿了黑黑的水漬。

☐ 雜誌、書、雜物、髮圈等散落在浴室內。

☐ 浴缸裡到處都是戲水用品。

如果勾選超過五項，那浴室就急需你的愛和動手整理了。參考以下列出的物品，開始進行收納工作吧！

- 內容物還剩下一些的容器與空的容器
- 過期的染劑、面膜
- 使用超過三個月的牙刷
- 不衛生的清潔用品、浴室拖鞋
- 還剩很多的女性用品
- 還剩很多的沐浴用品（洗髮精、肥皂、牙膏等）
- 還剩很多的衛生紙、毛巾
- 雜誌、書、雜物、髮圈等

浴室是一個很小，但有很多雜物的空間。洗髮精、潤絲精、沐浴乳等沐浴用品，都只要拿一份出來用就好。洗臉台上只能放肥皂盒、牙刷架等最低限度的物品。刮鬍刀要使用刮鬍刀專用的收納架，放在不會碰到水的地方。面膜和染劑不會太常用，所以可放在化妝台，要用的時候再拿到浴室就好。女性用品、

不太耐溼的衛生紙、沐浴用品，只要放適當的分量在浴室就好，剩下的可以放在其他空間。毛巾如果拿出來放太久，也只是會增加待洗衣物的分量而已。

　　化妝品、保養品很怕潮溼，所以如果不是乾溼分離的浴室，建議另外放在其他地方保管。如果沒有化妝台，或是喜歡在各種不同的地方化妝的話，那最好選擇化妝箱或化妝包和全身鏡搭配使用。在潮溼的地方使用吹風機也很危險，所以建議在化妝的地方用就好。

　　建議打掃用品、孩子的玩具、沐浴用品等都要掛起來，不要讓水積在裡面。收納工具或層板也要選擇排水良好的，才可以避免生鏽。使用吸附式的物品時，吸附用的橡膠吸盤最好又大又堅固，這樣才能用得久。

　　現在就正式開始整理浴室吧！

Day (22)

洗臉台、櫥櫃

　　洗臉台上如果有很多雜物，就會讓人不想打掃。如果想要洗澡、洗臉時順便整理一下，就最好只放必要的物品在上面，或是乾脆收進櫥櫃裡。

準備物品　收納架（肥皂、牙刷、牙膏）、吸附式吊桿、吊環

整理守則

第一階段：把洗臉台上、櫥櫃裡的東西全部拿出來。

第二階段：把用完的空瓶、要丟掉的牙刷、結塊的染膏、老舊的刷子、破掉的毛巾等丟掉。

第三階段：化妝品、沐浴用品的備品、衛生紙、女性用品等只留下適當的分量，剩下的就放到化妝台或儲藏室去。

第四階段：剩下的沐浴與洗臉用品、衛生紙、女性用品、毛巾等收進櫥櫃裡。

第五階段：使用中的肥皂、牙膏、牙刷放在洗臉台上，記得要用排水功能好的收納架（或吸附式吊桿跟吊環）。

Day (23)

浴缸與淋浴空間

　　度假村或是飯店洗手間那種舒適與乾淨，就是讓人覺得旅行很愉快的原因之一。如果可以只留下必要的沐浴用品，那我們的住家也可以像飯店那麼乾淨喔。

準備物品　S 型掛勾（或夾環）、洗衣袋

整理守則

第一階段：將浴缸和淋浴空間裡的物品全部拿出來。

第二階段：把用完的空瓶、放太久很髒的洗臉用品、老舊的打掃用品（刷子、菜瓜布等）丟掉。

第三階段：洗髮精、潤絲精、沐浴乳各留下一份。

第四階段：使用毛巾掛勾，或是夾環、S 型掛勾，把浴巾、毛巾和打掃用具掛起來。

第五階段：戲水用的玩具則放進洗衣袋裡收好。

Day (24)

化妝品

　　以不含對肌膚有害成分的化妝品，取代昂貴的化妝品；以少量、勤勞塗抹取代大量塗抹。如果有太多試用包，那就快點用光吧。化妝台上的東西如果能夠一目了然，這樣心裡也會比較舒服一點。

準備物品　收納籃、收納盒、分格式托盤、標籤貼紙

整理守則

第一階段：把自己有的化妝品全部拿出來。

第二階段：把用完的、過期的、一年以上沒用的、不適合自己的都丟掉。

第三階段：未開封的就放進收納籃，或是全部放在抽屜的角落。

第四階段：化妝台上只放基本化妝用品和卸妝用品，化妝棉和棉花棒只需要拿出適當的分量就好，剩餘的分量就放進收納盒，要用再拿出來。

第五階段：將分格式托盤放入抽屜中，每一格分門別類裝入不同的東西。這時候要注意，東西不要疊在一起。如果因為同時持有好幾種同類型的化妝品而導致空間不足，那也可以採用直立收納，然後在側面貼上標籤方便識別。

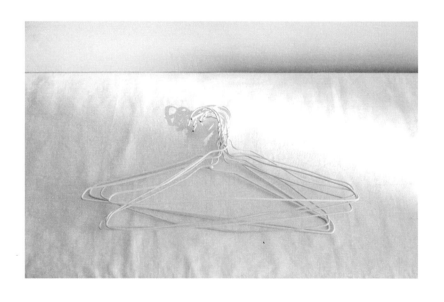

衣櫃

同季節的衣服放在同一個空間

衣櫃一定要定期整理

女性（其實男性也是）即使看到塞滿衣服的衣櫃，還是會毫不在乎地說出「沒什麼衣服可穿」這句話。因為隨著退流行、體型改變、年紀增長、衣服變形等問題，會一直出現沒辦法繼續穿的衣服。

但因為一套衣服不會占據太多空間，所以想丟也不太容易。這樣一來，就會陷入購買、收納的無限迴圈，那些不穿的衣服就如滾雪球般愈來愈多。

而且比起物理上的分量，人通常對比例比較敏感，所以如果一百套衣服裡面比較常穿的只有十套，剩下九十套都不常穿的話，就會有一種「沒什麼衣服可穿」的錯覺。如果衣櫃裡的衣服都讓你很滿意、很常穿，那即使只有十套，你可能都不會覺得不夠。

大多數的人會有一個像倉庫一樣大的衣櫃，都是因為沒有定期整理衣櫃所致。透過下面的檢查表，來看看自己的衣櫃整理狀況吧。如果符合超過五項，那就需要趕快整理囉。

□ 腦海中無法很快歸納出每個季節有哪些衣服。
□ 衣櫃裡面家人的衣服沒有區分的很明確。

☐ 上衣、下衣、外套等分別放在不同的地方。

☐ 有些不符合自己形象或年齡的衣服。

☐ 已經退流行不穿的衣服。

☐ 尺寸太小或太大，沒辦法穿的衣服。

☐ 還套著洗衣店塑膠套的衣服。

☐ 穿起來不舒服的衣服、內衣。

☐ 鬆脫的襪子。

☐ 還沒拆掉包裝的衣服。

☐ 家裡到處都堆滿了衣服，或是隨意掛在任何地方。

☐ 有些衣服是放在收納箱，或堆在倉庫裡的。

☐ 各季節的衣服沒有適時整理。

☐ 沒有其他的方法或空間來收納穿過的衣服。

　　一位名叫卡羅琳的美國婦女，曾經執行過只靠三十六樣物品度過一年的「膠囊衣櫃計畫」。她將幾種基本單品交替搭配，找到屬於自己的風格，減少煩惱穿搭的時間，也因而不再憑感覺衝動購物。

各位可以試著挑戰看看只留下常穿的幾件衣服，打造一個迷你衣櫃。不穿的衣服一定有各自的原因，如果捨不得丟，那就仔細想想為什麼不穿它們吧。

現在最好立刻丟掉的衣服

- 已經不合體型、形象、年齡的衣服
- 穿起來不舒服的衣服
- 退流行的衣服
- 尺寸不合的衣服
- 嚴重髒汙的衣服
- 看起來很寒酸的衣服、嚴重變形的衣服
- 起很多毛球的衣服
- 一年以上沒穿的衣服（傳統服飾等）

　　即使只有衣櫃裡的一格或是一根吊衣桿，也都要將每個家庭成員的空間規劃出來。不穿的衣服要盡量處理掉，每個季節的衣服都要存放在同一個空間。這樣一來換季的時候，就不需要另外整理衣服了。而且最近換季的時間很短，大家主要都採用洋蔥式穿法，這樣整理也比較方便。

衣架如果可以統一成薄的防滑衣架，就能掛更多的衣服，只有厚重的外套或是西裝，使用較厚的衣架來支撐。掛衣服的時候拉鍊要拉起來，有扣子的衣服則要把上面兩個扣子扣上。衣架的掛勾要全部朝同一個方向，依照材質來掛，這樣找起來比較快，看起來也比較整齊。

摺衣服的方法有很多種，摺成可以直立收納的樣子就是收納的重點。應該要把比較雜亂的部分往內摺起來，讓外面看起來四四方方的，可以剛好收進收納籃或抽屜裡面。

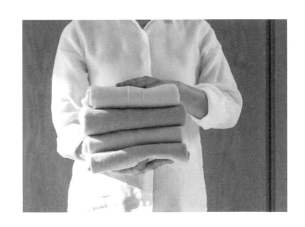

Day 25

內衣

內衣被稱為第二層皮膚，如果穿起來感到不適或已經老舊，就趁這次機會丟掉，好好用心整理，讓內衣可以保持乾淨、保持應有的形狀。

準備物品　黑色塑膠袋、收納籃或內衣專用收納盒

整理守則

第一階段：把內衣全部拿出來。

第二階段：如果有符合以下條件的，就放進黑色塑膠袋裡丟掉。

- 變色、清潔狀態不佳的。
- 鬆脫、變形的。
- 尺寸不合、穿起來不舒服所以不太穿的。
- 已經退流行或是不合喜好的。
- 起毛球、嚴重脫線或是有破洞的。

第三階段：參考第 122 頁的摺法，把剩下的內衣摺好。

第四階段：將摺好的內衣直的放入收納籃或是內衣專用收納盒中，然後再放進抽屜裡收起來。

TIP 内衣的摺法

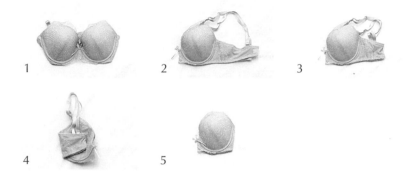

1

2

3

4

5

❶ 把內衣攤平　❷ 對半摺起來　❸ 後背帶對半摺起來　❹ 後背帶再對半摺，往內塞進罩杯裡　❺ 肩帶也塞進罩杯裡，然後再直的放入籃子裡。

🅣🅘🅟 內搭背心的摺法

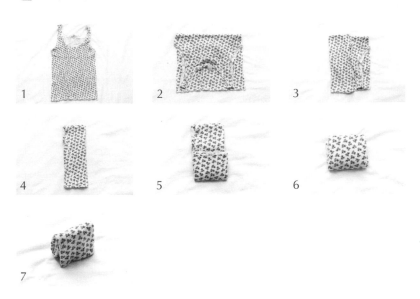

❶ 將背心攤平　❷ 從上往下橫的對摺　❸ 直的分成三等分，再將左邊
三分之一往中間摺　❹ 把右邊三分之一也往中間摺　❺ 橫的分成三等
分，把下面三分之一往上摺　❻ 將上面三分之一往下摺　❼ 直的收入
抽屜或是收納籃裡。

TIP 男用四角褲的摺法

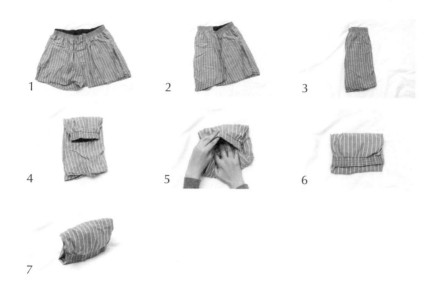

1 2 3 4 5 6 7

❶ 將四角褲攤平 ❷ 直的分成三等分，再將左邊三分之一往中間摺 ❸ 將右邊三分之一往中間摺 ❹ 橫的分成三等分，將上面三分之一往下摺 ❺ 將下面三分之一往上摺，並塞進鬆緊帶裡 ❻ 拉成平整的四方形 ❼ 直的放進收納籃或抽屜裡。

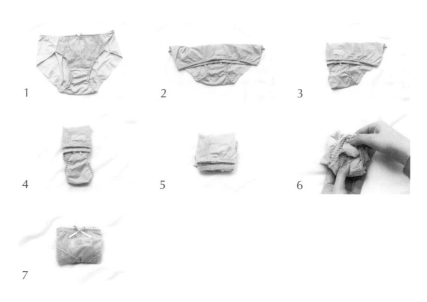 女用內褲的摺法

❶ 將內褲攤平　❷ 橫的分成三等分,將上面三分之一往下摺　❸ 直的
分成三等分,將左邊三分之一往後摺　❹ 將右邊三分之一也往後摺　❺
把下面三分之一往後摺　❻ 手拉住褲頭,將整條內褲翻面　❼ 正面向
前,直的放入收納籃裡。

襪子、絲襪

　　大部分的人收襪子時，都是在腳踝的地方打結，絲襪則是整捆綁在一起，但是這樣一來襪子很快就會鬆掉。只要稍微用心整理，襪子看起來就會很美觀，要拿襪子出來穿的時候也會覺得很開心。

準備物品　分格收納籃

整理守則

第一階段：把家裡所有的襪子、絲襪、隱形襪都拿出來。

第二階段：一一確認，鬆脫的、破洞的、老舊的、脫線的、只剩一隻的、不太穿的都丟掉。

第三階段：把要丟的襪子用袋子包好，放進垃圾桶裡。

第四階段：請參考下一頁的方法把襪子摺好。

第五階段：摺好的襪子或絲襪，直的收入分格收納籃裡。

TIP 一般襪子摺法

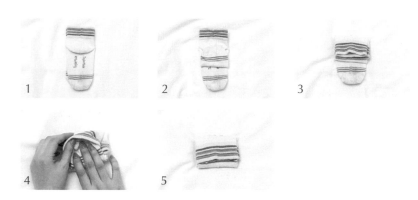

❶ 將兩隻襪子疊在一起　❷ 上面那隻襪子的底部三分之一往上摺　❸ 將腳踝部分的三分之一往下摺　❹ 下面那隻襪子腳底部分往上摺，塞進鬆緊帶裡　❺ 直的放入收納籃裡。

TIP 隱形襪摺法

❶ 把一隻襪子塞進另外一隻襪子裡　❷ 對摺之後，將後腳跟塞入腳趾的地方　❸ 直的放入收納籃裡。

Ⓣ🅘🅟 絲襪的摺法

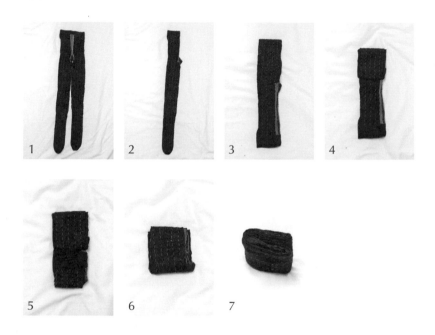

❶ 將絲襪攤平　❷ 將絲襪直的對摺　❸ 將絲襪橫的對摺　❹ 然後再橫的對摺一次　❺ 分成四等分，並把上下兩端往中間摺　❻ 再對摺起來　❼ 直的放進收納籃裡面。

Day (27)

棉被

　　摺衣服沒有絕對正確的方法，但棉被卻有固定的摺法，又稱為「棉被壓縮摺法」。這樣可以讓棉被不會散開，又能夠展現對稱之美。如果衣櫃裡面有已經不用的老舊棉被，就趁這次機會整理掉吧。記得要用大型專用垃圾袋裝起來丟掉喔。

準備物品　大型專用垃圾袋、報紙、樟腦丸或天然除溼劑（鹽巴等）

整理守則

第一階段：把地板上的灰塵清乾淨，再把棉被和被套都拿出來。

第二階段：如果有破掉、老舊、已經不用的棉被，就全部整理掉。

第三階段：把棉被摺好，放進櫃子裡。

第四階段：可以把報紙捲起來塞進棉被之間，或是放樟腦丸、天然除溼劑，這樣就可以防潮或是防蟲。

第五階段：剩下的空間可以放枕頭。

🆃🅸🅿 棉被的摺法

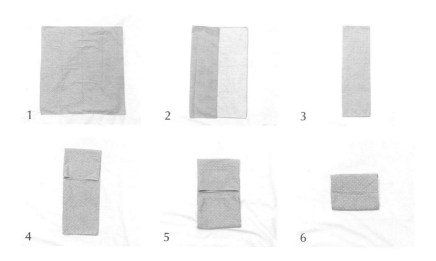

❶ 將棉被攤平 ❷ 直的分成三等分，將左邊三分之一往中間摺 ❸
將右邊三分之一往中間摺 ❹ 橫的分成四等分，將上面四分之一往下
摺 ❺ 將下面四分之一往上摺（開門摺） ❻ 對摺。

Day (28)

背包

　　如果沒有固定的位置放背包，那背包肯定散落在家中各個角落，一起幫所有的背包找個位置吧。把現在正在用的收納櫃或衣櫃稍微整理一下，清出一個位置來收納背包，就能夠簡單解決這個問題。

準備物品　收納籃或背包專用收納盒

整理守則

第一階段：將錢包、背包全部拿出來。

第二階段：破掉的、老舊的、不太用的都處理掉。

第三階段：依照錢包、手提包、大背包、手拿包、背包等設計或用途分類。

第四階段：把包包放到層板上，或是放入收納籃或背包專用收納盒裡，再把收納籃放在吊衣桿下面。

第五階段：體積較大的旅行用背包（含行李箱），在整理的時候可以把小的放進大的裡面，放在衣櫃最上面那一層，或是放在吊衣桿底下。

Day (29)

飾品

　　如果可以把飾品保管好，那看起來就會很賞心悅目，也會感到很開心。也可以把那些常拿出來戴的飾品分門別類整理好，其他的則收起來。

準備物品　分格飾品托盤（不會留下刮痕的天鵝絨材質等）

整理守則

第一階段：把家裡的飾品都拿出來。

第二階段：將生鏽的、變色的、對皮膚不好的、不成對的、壞掉的、退流行的、破損的丟掉。

第三階段：分格飾品托盤一格就放一對耳環和一只戒指，如果沒有托盤，也可以用有分格的藥盒。

第四階段：手環或手表、項鍊等，則放在較長的格子裡，一格放一樣，避免全部纏在一起。眼鏡就放進眼鏡盒裡，或是把格子調整成適合眼鏡的大小，再把眼鏡放進去。

第五階段：整理完後，就把托盤放入化妝台的抽屜裡保管。

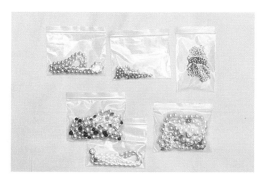

Day (30)

帽子

收納帽子的方法有很多種，可以把帽子放在收納吊袋裡掛起來，也可以在吊衣桿上掛 S 型勾環或夾勾把帽子掛起來。請依照個人擁有的帽子種類與數量，選擇合適的收納工具。

準備物品 收納籃、收納吊袋、S 型勾環、夾勾

整理守則

第一階段：把所有的帽子都拿出來。

第二階段：把老舊或破掉的、變形的、不符合喜好的、嚴重汙損的、戴起來不舒服的都丟掉。

第三階段：鴨舌帽摺好疊在一起，毛帽則對摺。

第四階段：運用收納籃、收納吊袋或是勾環等把帽子收好，毛帽可直的放入收納籃中。

第五階段：帽沿又大又硬的帽子，可以放在層板上面，或是擺在衣櫃最上層的空間。

領帶、圍巾、皮帶

即使衣服不多，但只要靠領帶和圍巾就可以讓穿搭更有型。想要挑選適合服裝的配件，重點就在於如何能將配件整理得一目了然，同色系的配件放在一起，這樣挑選起來就快多了。

準備物品 分格式托盤、收納籃、夾勾

整理守則

第一階段：把所有的領帶、圍巾、皮帶都拿出來。

第二階段：把老舊的、破損的、脫線的、裝飾脫落的、不符合喜好的、太俗氣的、退流行的丟掉。

第三階段：如果想把領帶掛起來，那就對摺後再掛到領帶架上。如果想收到抽屜裡，那就捲起來，正面或側面朝上放在分格式托盤裡。

第四階段：圍巾摺好後直的放進收納籃裡。如果是本身有做抓縐處理的圍巾，可以捲好之後把圍巾的尾端塞進中間，然後裝在籃子裡收好。

第五階段：皮帶扣住之後掛在吊衣桿上，或是捲起來之後，皮帶扣朝上放在收納籃裡。

吊掛的衣服

　　試著想像一下碰撞時會發出聲響的木製衣架，以及在上頭掛著自己喜歡衣服的衣櫃模樣吧。同時也可以試著想像自己有機會，重新購買這些掛在衣櫃裡的衣服，那麼很快就能區分出哪些是不要的衣服了。

準備物品　薄衣架、西裝衣架

整理守則

第一階段：把地上的灰塵清乾淨，將要掛起來的衣服都拿出來放在地板上。大衣、罩衫、襯衫、連身洋裝、外套、西裝等，全部都拿出來。

第二階段：把要穿的跟不穿的區分開來。

第三階段：從要穿的衣服裡面，把要送洗或是需要修補的挑出來。

第四階段：依照外套→夾克→連身洋裝→羊毛衫（針織類）→襯衫（含西裝襯衫）、罩衫→下身衣物的順序掛起來，掛的時候請參考以下條件：

- 統一使用薄衣架，外套和西裝外套則使用可以撐起肩膀的衣架。

- 有扣子的襯衫，只扣最上面的兩個。
- 長度較長的衣服可以掛在最左邊或最右邊。
- 依照用途或材質一樣的衣服、顏色類似的衣服來分類。

第五階段：剩下的衣架可以掛在吊衣桿的最左邊或最右邊。

第六階段：不穿的衣服可以分成要賣的、要捐的、要丟的，然後盡快處理掉。

- 要賣的：購入未滿兩年，近乎全新的衣服。
- 要捐的：購入兩年以上，看得出來有穿過的衣服。
- 要丟的：壞掉衣服、汙損嚴重的衣服等。

📵 針織衫的摺法

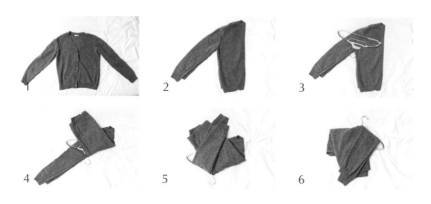

❶ 將針織衫攤平 ❷ 對摺 ❸ 將衣架的掛勾擺在腋下的位置 ❹ 沿著衣架把衣服身體的部分往上摺起來 ❺ 再沿著衣架把袖子部分摺起來 ❻ 掛到衣櫃裡。

Day (33)

摺的衣服

把衣服摺起來，狹小的空間就可以收納更多的衣服，收納的分量也可以比吊掛的方式更多。摺衣服的方式有很多種，但原則只有一個！那就是簡單、快速，只要改成適合自己的方式就好。

準備物品　收納籃

整理守則

第一階段：跟第 138 頁「吊掛的衣服」的第一階段到第三階段一樣。

第二階段：依照材質或是短袖／長袖來分類。

第三階段：把上衣摺好。

第四階段：褲子也依照材質或是長褲／短褲來區分、摺好，再直的放入收納籃當中。

第五階段：把下半身穿的衣服摺起來。

🔵 長袖 T 恤摺法

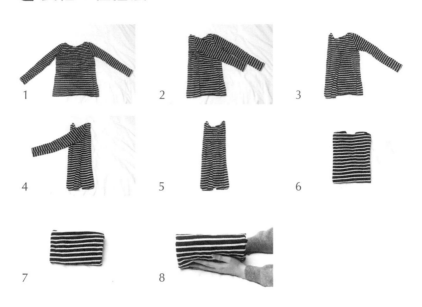

❶ 把衣服攤平　❷ 直的分成三等分，並把左邊三分之一摺起來　❸ 袖子部分往下摺　❹ 把右邊三分之一摺起來　❺ 同樣把袖子部分往下摺　❻ 橫的對摺　❼ 橫的再對摺一次　❽ 直的放入收納籃或抽屜裡。

⒯ⁱᵖ 女生短袖 T 恤的摺法

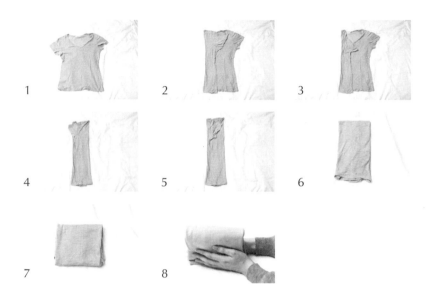

❶ 把衣服攤平　❷ 直的分成三等分，把左邊三分之一摺起來　❸ 袖子的部分往下摺　❹ 把右邊三分之一摺起來　❺ 一樣把袖子部分往下摺　❻ 橫的對摺　❼ 橫的再對摺一次　❽ 直的放進收納籃或抽屜裡。

TIP 帽 T 摺法

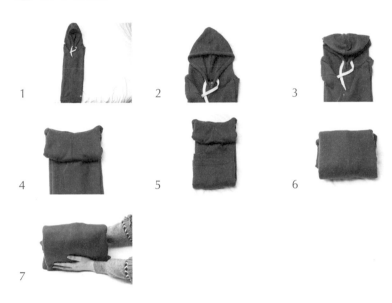

❶ 跟長袖 T 恤一樣,把兩邊的袖子摺起來 ❷ 帽子左右兩側往內摺進來,讓帽子變成三角形 ❸ 三角形的部分往下摺 ❹ 將帽子整個往下摺進來 ❺ 橫的分成三等分,把最下面三分之一往上摺 ❻ 將上面三分之一往下摺 ❼ 直的放入收納籃或抽屜裡。

TIP 男生短袖 T 恤摺法

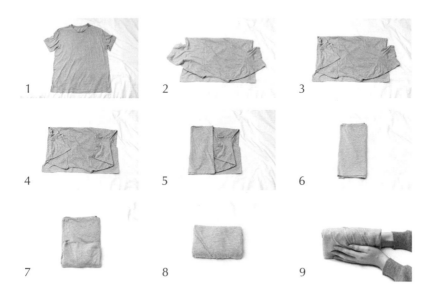

❶ 將衣服攤平　❷ 將衣服橫的分成兩等分，然後對摺　❸ 將左邊的袖子往內摺　❹ 把右邊的袖子也往內摺　❺ 衣服直的分成三等分，將左邊三分之一往中間摺　❻ 將右邊三分之一往中間摺　❼ 橫的分成三等分，將下面三分之一往上摺　❽ 將上面三分之一往下摺　❾ 垂直放入收納籃或抽屜中。

🆃🅸🅿 長褲摺法

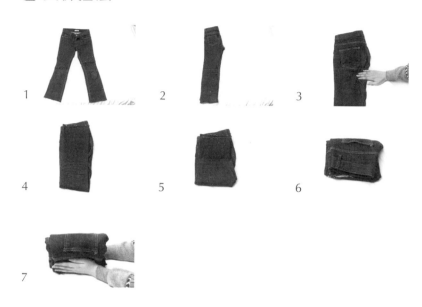

❶ 將褲子攤平　❷ 將褲子對摺　❸ 將臀部凸出來的部分往內摺　❹ 直的對摺　❺ 接著再直的分成三等分，將下面三分之一往上摺　❻ 將上面三分之一往下摺　❼ 垂直放入收納籃或抽屜中。

TIP 男生短褲摺法

1 2 3

4 5 6

❶ 將褲子攤平　❷ 直的對摺　❸ 將臀部凸出來的部分往內摺進去　❹ 直的分成三等分，將下面三分之一往上摺　❺ 將上面三分之一往下摺　❻ 垂直放入收納籃或抽屜中。

Day (34)

穿過的衣服

　　整理穿過衣服的重點，就在於要盡快把要洗的衣服放進洗衣籃裡。因為整理就是一件有進有出的事情。

準備物品　大籃子、洗衣籃

整理守則

第一階段：把大籃子放在衣櫃，或是吊衣桿前，將穿過的居家服脫下來丟進大籃子裡。這時候可以不必特別把衣服摺好。居家服不要同時穿好多套，建議一套換下來拿去洗之後，再拿另外一套出來穿。

第二階段：外出回來之後確認衣服的狀況（今天做了什麼、去了哪裡），如果是沾了很多灰塵、弄得很髒、有很多污漬的衣服，或是有嚴重異味的衣服，就要拿去洗。

第三階段：還很乾淨的衣服可以稍微甩幾下，或是把灰塵稍微黏乾淨，重新掛回衣櫃裡面，或是摺起來放好。如果有沾到烤肉味或是菸味，可以在陽台掛一天，隔天再放進衣櫃裡面（如果想用籃子，就要把上下半身的衣物分開）。

　　一日一角落，每天 15 分鐘，無痛整理術

CASE 5

原來，收納櫃才是問題所在

by 苦菜

　　開始整理計畫之後，我便開始簡單的清空、整理、整合，但心裡卻莫名不踏實。所以我決定開始大幅整頓一下，便決定把鋼琴賣掉、把抽屜櫃丟掉。

　　「啊！原來大家說的就是這種感覺！原來收納櫃才是問題！如果不把收納櫃丟掉，就會一直堆東西！」但一把收納櫃丟掉之後，我反而陷入尷尬的窘境。因為裡面的東西全部散落在家中，真的讓我覺得很尷尬。但我還是慢慢地把要丟的、要留的東西分類，另外把它們整理好、放到合適的位置。

　　繼收納櫃之後，我也把書櫃給丟了，然後又發現一件新的事情。

　　「把東西擺進櫃子裡不叫收納。如果想知道某件東西自己有多少庫存，就得把那樣東西全部拿出來算才會知道！」

　　果然，浴室裡的洗髮精、肥皂庫存真的非常多。也讓我恍然大悟，「原來我一直為了這些東西在繳房租」。

　　自己一個人搬到這個地方的時候，我的家當塞滿了整台卡車，現在已經結婚了，人口變多、也養了隻小狗，空間卻反而更多，這都是因為整理過的關係。

如果現在要我打包行李搬家，說不定行李只有當時搬來的一半呢。衣服也清掉了大概五個整理箱的分量，跟自己一個人住的時候相比整整少了一半。如果你整理一個抽屜、一格書櫃就感到疲憊、勤快不起來，如果感覺怎麼清好像都清不乾淨的話，那我強烈推薦你乾脆把堆積物品的罪魁禍首直接丟掉！

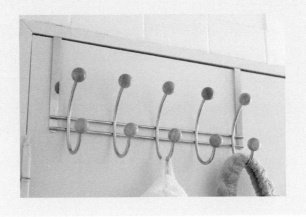

CASE 6

買之前，再三思考真的需要嗎？

by 護國浪人

　　第一次有「該來整理了」的想法時，是在電視上看到幫忙整理的人拜訪別人的家裡，在沒有額外裝潢的情況下，把家中整頓得乾乾淨淨，讓整個房子變得更寬廣舒適。起初在電視上看到「尋求不會整理的觀眾」時，還覺得我應該跟那些人不太一樣，但實際看到自己的書桌抽屜、衣櫃、流理台時，卻發現其實我跟他們大同小異。

　　所以我也開始整理了。把不看的書賣到二手書店，或是分送給認識的朋友，不穿的衣服如果還保持得不錯就送給朋友，捐贈完後剩下的衣服，就賣給回收舊衣的業者。

　　但買這些衣服的時候很慎重，也不能因為不喜歡了，所以才穿個幾次就隨便送人，直接丟掉又覺得有點可惜。再加上重達二十公斤的衣服其實也賣不了幾個錢，實在讓人感到失望。這讓我覺得「我一直讓自己擁有的東西愈來愈沒有價值」。在那之後，每當我要買新的東西回家，或是要帶什麼東西回家時，都會審慎思考一番再做決定。

　　「這真的是我需要的東西嗎？有沒有替代品呢？這個東西帶回家之後，有地方可以放嗎？拿回家之後，需要丟掉其他的東西嗎？」

經過一番思考之後，才會決定要不要把東西買回家。再不然就是把家中不需要的東西找出來，努力把這些東西整理掉。

因為孩子還小，所以他們的玩具、衣服跟用品都必須留著，但先從自己的東西開始整理，這也讓我覺得比較安心，要再買東西的時候，也不會理所當然地買下去，而是會階段性地思考、購買，這也讓我變得更開心。

認識整理力社團真的讓我很開心。雖然我還不是整理高手，但每天的十五分鐘都能讓我覺得很感動。

兒童房

讓孩子學會自己整理

充滿創意與快樂的遊戲房

你覺得讓孩子自己整理是不可能的事情嗎？我們認為不會整理的孩子，其實在幼稚園都會自己把玩具整理好。在幼稚園很會整理，但回到家卻總是弄得一團亂，是因為家裡沒有固定的位置放那些東西。

小孩只要教過一遍，就會按照學到的方式去行動。一開始就給他們一個沒辦法整理的空間，那他們就會成為一個亂糟糟成天挨罵的孩子，大人得整天跟在他們後面幫忙整理。確認一下下列事項，看看你家符合幾項吧。

□ 孩子房間的地板上經常散落著玩具。
□ 缺乏可以收納玩具的收納工具。
□ 客廳沒有讓孩子獨立遊樂的空間。
□ 已經超齡的玩具。
□ 不符合孩子年齡的書籍。
□ 不符合學習水準的教具。
□ 孩子玩完遊戲之後不會自己整理。
□ 孩子自己不太會管理自己的物品。
□ 文具用品和玩具混在一起。

☐ 孩子拿玩具出來的時候會請媽媽幫忙。

☐ 把孩子的作品和雜物放在一起。

如果符合五項以上，那就表示這個空間很需要你的愛與行動。請參考以下的標準，從減少物品開始吧。

要立刻整理掉的物品

- 不符合年齡的玩具或書
- 孩子已經完成超過三個月的作品
- 髒污嚴重的玩具
- 脫毛的玩偶或很髒的布娃娃
- 過期的學習教材
- 孩子自己覺得可以丟掉的雜物
- 重複或是不太會用的美術用品
- 破損或是壞掉，已經無法修理的玩具
- 對孩子來說危險的物品

一起打造一個可以讓孩子自己整理的空間吧。不是從大人的角度，而是應該依照孩子的喜好來選擇玩具和書籍，配合孩

子的角度來整理。把物品放在低於孩子站立時胸部的高度，這樣拿取比較方便。

另外，也要告訴孩子分類的方法。汽車要跟汽車、球跟球、玩偶跟玩偶、積木跟積木放在一起，教他們把每種物品分門別類整理好。使用透明的箱子，這樣一來就算不打開蓋子，也可以很快知道箱子裡的物品是什麼，或是也可以貼個標籤以利辨別。

比起用一個大收納箱來裝所有的東西，更應該選擇合適的大小，讓孩子可以一次把裡面的東西都拿出來玩。收納盒如果有輪子，搬動的時候也會比較方便。

提升學習力的書房

學業愈來愈重要的時期，孩子的房間該怎麼整理才會比較有效率？為了打造一間讓孩子想讀書的房間，最重要的關鍵就是讓孩子打造自己喜歡的空間。

父母親在整理房間的時候，應該要尊重孩子的意見，只要注意書桌的位置和房間的整潔就好。如果是用自己喜歡的東西打造出來的整潔空間，孩子就會經常待在房間裡，也不會拖延自己該做的事情。仔細檢查一下孩子的房間，確認一下是否符合以下的事項。

□ 書桌背對著門，面對著窗外。

□ 文具、書寫工具、雜物混雜在一起。

□ 書桌抽屜塞得滿滿的，沒有多餘空間。

□ 小時候的玩具還放在房間裡。

□ 已經寫完的習作、上個學期的教科書都還沒收拾。

□ 書架上有許多跟讀書無關的雜物。

□ 小孩的書跟大人的書沒有區分開來，全部一起放在書架上。

□ 有好多雖然有但因為找不到，所以又重新買的文具。

□ 兩個孩子的物品全部混在一起。

□ 電腦、網路等電線糾纏在一起。

□ 沒有地方放書包，所以書包到處亂放。

□ 父母幫忙整理之前，孩子不會自己整理。

　　如果符合五項以上，那就需要你趕快付諸行動了。參考以下的標準，先從減少不必要的物品開始吧。

要從書房整理掉的物品

・小時候的玩具

・已經寫完的習作、已經過期的學校印刷品

- 不符合孩子年齡的書
- 出版超過五年以上的書
- 購買後超過一年都沒讀的書
- 過期的參考書、印刷品、用完的筆記本
- 太多的文具用品
- 用途不明的纜線
- 跟孩子無關的書

尤其到了對隱私比較敏感的年紀，建議一定要跟孩子一起整理。在做室內裝修時，如果能夠參考孩子的意見，孩子就會有被尊重的感覺。

書房最好朝北，避免直射光線照進來。朝南的房間比較溫暖舒適，可能容易想睡覺。如果沒有朝北的房間，那書桌的位置可以放在北邊，還有，如果書桌背對門口，心理上可能會比較不安，變得難以專注。

書櫃最重要的就是放書。教科書可以依照重要的科目順序來排列，或是依照書本的大小來排列。習作建議依照科目、補習班的教材來分類整理。

每天要用的文具裝在同一個容器裡面放在書桌上，剩餘的備品可以放在其他的地方，用完之後再換新的。比較小的文具，

可以收納在抽屜裡的分格籃，依照書寫工具、文具等分類整理，
這樣會比較整齊。

Day (35)

積木、大型玩具

　　小積木或是尺寸較大的玩具，就裝在大小適中的箱子裡面。運用有輪子的收納箱，讓孩子可以自己整理。

準備物品　專用收納箱、透明收納箱、家用收納盒、洗衣籃、標籤

整理守則

第一階段：把家裡所有的積木和大玩具拿出來。

第二階段：將積木收在專用的塑膠桶，或是大小適中的收納盒裡。

第三階段：大玩具收在透明的收納箱，或是軟的洗衣籃裡。

第四階段：用寫的或是拍照，貼在收納箱或是一般家用收納盒外面做標示。如果收納盒要疊放起來就貼在正面，如果不疊放起來，就貼在蓋子上。

Day (36)

桌遊、教具、拼圖

教具或是桌遊等，可以放在專用的盒子裡，然後堆疊在沒有分隔的層架上，或是直立起來放好。不符合年齡的教具可以二手賣出，或是分送給別人。

準備物品　專用盒、透明收納箱、夾鏈袋、標籤

整理守則

第一階段：將桌遊、教具、拼圖之類的東西都拿出來。

第二階段：以破損、髒汙的程度、年齡、安全性來當作選別的標準。

第三階段：將教具分類好，整套裝進專用的盒子裡。如果還想用其他的教具，也可以把教具都先拿出來，依照形狀、顏色、大小分類，裝進透明收納盒裡。

第四階段：桌遊或拼圖則分類裝進盒子。如果沒有盒子，可以把拼圖跟底板分開來，先把拼圖裝在夾鏈袋裡，然後再貼上標籤。拼圖的底板則立起來收在櫃子裡。

第五階段：把裝了教具、拼圖、桌遊的收納盒放到櫃子裡。

Day (37)

樂高

　　孩子在玩的積木和樂高，一直是不知道該怎麼整理的項目之一。首先，我們可以配合孩子的年齡來決定整理的方法。

準備物品　收納盒、有分格的籃子、專用箱子、透明塑膠筒

整理守則

第一階段：把樂高全部拿出來放在一起。

第二階段：配合孩子的年齡，看是把樂高全部收在同個盒子裡，還是要依照樂高積木的大小分類，或者是依照顏色分別放在不同的格子裡。

第三階段：依照尺寸把樂高整套裝進專用箱子或是透明塑膠桶裡，再把說明書一起放進去。

Day (38)

汽車、玩偶、小玩具

中小型的玩具或扮家家酒道具、文具備品、樂器等，就收在兒童收納盒或是居家收納箱裡。小玩偶或是迷你車，可以陳列在書櫃或是層架上，孩子們應該會很開心。

準備物品　收納盒、居家收納箱、標籤

整理守則

第一階段：把小玩具、文具、樂器等拿出來。

第二階段：依照汙損程度、適用年齡、喜愛程度決定哪些要丟。

第三階段：教孩子歸類，如機器人一類、恐龍一類、扮家家酒一類、文具一類，分別裝進居家收納箱裡。

第四階段：在收納盒或居家收納箱上，大大地寫上裡面裝的物品，或是貼上照片以利辨別。

第五階段：把孩子喜歡的可愛玩具陳列在層架上。

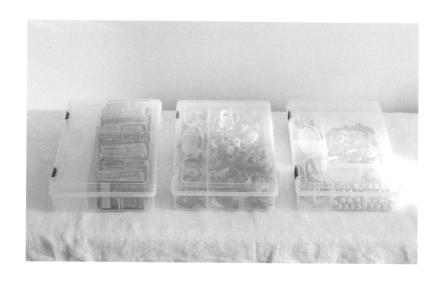

Day (39)

學習卡、尪仔標、遊戲卡

　　對孩子來說，尪仔標是很珍貴的寶物。不要讓這些尪仔標隨便散落在家裡，應該讓孩子自己主動撿起來收好。如果媽媽可以多關心這件事，告訴孩子該怎麼整理，孩子會更寶貝地對待自己重要的東西。

準備物品　橡皮筋、夾鏈袋、壁掛式收納袋、有分格的籃子（或是密封容器）、收納箱、標籤

整理守則

第一階段：把家裡面的學習卡、尪仔標等類似的東西都拿出來。

第二階段：以汙損程度、適用年齡、喜愛程度來選擇哪些要丟掉。

第三階段：學習卡分類放好，再依序整理，用橡皮筋綁起來之後放在夾鏈袋或是壁掛式收納袋中。

第四階段：遊戲卡牌用橡皮筋綁起來，放在夾鏈袋或是有分格的籃子裡（或密封容器中）。

第五階段：尪仔標也像遊戲卡牌一樣分類，放入夾鏈袋或是有分格的籃子裡（或密封容器中）。

第六階段：在夾鏈袋上貼上標籤，全部放進收納箱中。

小孩的作品

　　要丟掉孩子們做的作品其實不是件容易的事。不得不丟的時候，應該要先告訴孩子，家裡面的展示空間有限，讓他們選出自己最喜歡的作品留下來。等全家人一起欣賞完作品之後再丟，這樣也比較不會留下遺憾。

準備物品　畫框、中等大小的收納箱、A3 檔案夾

整理守則

第一階段：準備可以收納勞作作品的中型收納箱，以及可收納畫作的 A3 檔案夾。

第二階段：跟孩子一起選出要陳列在架上的作品，以及要放在畫框中展示的畫作。

第三階段：選好的作品就放在家人可以清楚看到的地方（玄關、客廳等）。並從剩下的作品中，選出自己喜歡的，放入收納箱和 A3 檔案夾中。

第四階段：無法收納的作品就丟掉。如果覺得可惜，就拍照留念。

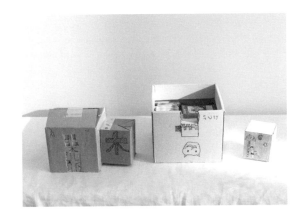

髮帶、髮夾、髮飾

　　愈是忙碌的媽媽，就愈應該花時間幫孩子綁頭髮。日本收納專家鈴木尚子專門為了說「今天想用藍色髮飾綁頭髮」的孩子，推薦依照顏色來收納髮飾的方法。

準備物品　分格收納盒、長塑膠桶

整理守則

第一階段：把髮帶、髮夾、髮飾都拿出來。

第二階段：依照顏色把每一種飾品分類。

第三階段：分門別類地放入收納盒的格子裡。

第四階段：髮箍就按照顏色，夾在長塑膠桶上。

Day (42)

書桌

　　書桌如果很亂，就會因為周遭環境太過雜亂而無法專注。這樣一來，就容易耽誤寫作業、讀書的進度。桌面上最好不要放太多東西，這樣坐在書桌前時才能更專注。

準備物品　筆筒、收納籃、三段式書架、文件盒、垃圾桶

整理守則

第一階段：把書桌上的東西都放在一起。

第二階段：用完的文具、寫完的習作、跟讀書無關的東西都清掉。跟學習無關的漫畫則放到別的書架上。

第三階段：將孩子經常使用，特別偏好的文具放在筆筒裡。便條紙、手冊、糨糊、剪刀等則放在收納盒裡。習作、參考書、筆記本分類好，放在三段式書架上。

第四階段：準備一個文件盒，用來收納影印的講義。

第五階段：間接照明、垃圾桶等，要放在離書桌近的地方。

書桌抽屜

　　如果每樣物品都能有自己的位置，那用完之後物歸原位就不是什麼困難的事情了。只要重複做個幾次，這件事情就會自然成習慣。俗話說「有家可回就不會迷路」，就讓我們成為孩子的燈塔，幫助他們不迷路來進行整理吧。

準備物品　溼紙巾、分格整理盒、籃子、夾鏈袋、橡皮筋、標籤

整理守則

第一階段：把抽屜裡的物品都拿出來，用溼紙巾把抽屜擦乾淨。

第二階段：用完的筆、空盒子、沒有在用的物品都丟掉。

第三階段：決定好每個抽屜要放哪些東西，然後貼上標籤。

- 第一個抽屜：文具、工作用的美工工具
- 第二個抽屜：電子產品與休閒用品（信紙、珠子等）
- 第三個抽屜：美術用品與樂器

第四階段：依照物品的特徵，選用合適的收納工具。

- 書寫與美工工具：分格整理盒、長型的籃子
- 色紙、卡片與尪仔標、貼紙、剩的便條紙：夾鏈袋
- 透明膠帶、筆筒、便利貼、釘書機：籃子

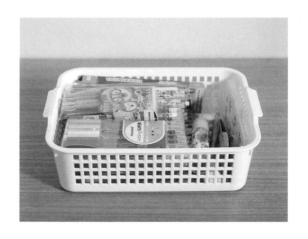

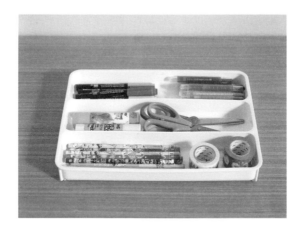

習作本、參考書、學習書

　　有些參考書或習作已經用不到了，卻在孩子的房間裡放了很久。不要讓孩子有壓力，只留下必要的物品，讓他們可以專注在現在的課業。把這當成是教導孩子如何更單純地學習的機會，心情也會輕鬆一點。

準備物品　三段式書架、書擋、標籤

整理守則

第一階段：把題庫、參考書、習作全部拿出來放在地上。

第二階段：一一查看，都寫完的、六個月以上沒有翻閱的就丟掉，還可以寫的、新的則另外放在別的書架上。

第三階段：將題庫、參考書與習作分別放在三段式書架上。

- 如果沒有書架，就用書擋來固定。
- 放置順序就依照書的大小、重要的程度來決定。
- 相同科目、相同補習班的題庫放在一起，要找的時候比較方便。

第四階段：在書架下方貼上標籤，以利辨識。

Day (45)

書

　　如果想要孩子養成讀書習慣，那就要讓他們經常走到書架前面。如果想要達到這個目標，書架上就必須放孩子喜歡的、有興趣的書。書如果塞得太緊，在看之前可能就會因為取得麻煩而放棄。建議書可以擺放鬆一點，這樣看完書之後要再放回去也比較容易。

準備物品　吊掛網籃、收納籃、書擋

整理守則

第一階段：把書全部拿出來放在地板上，跟孩子一起挑選要讀的書。

- 最棒的書：看完心情會變好的書、讓人感動的書、可以改變生活的書、想再讀一次的書。
- 要收起來的書：以後要看的書、還沒看過的書

第二階段：配合孩子的高度，把最好的書放在容易拿取的位置。

第三階段：剩下的書就參考以下的標準來收納。

- 按照類型分類（文學、學習、童話、英文、習作等）。
- 有集數之分的書就依照集數的順序放好。
- 如果子女的年齡層差距較大，就應該把書櫃分開，或是同一個書櫃但是分層收納。
- 套書不需要全部放上去，也不需要依照順序放。
- 要按照書的高度來收納。
- 可以在書桌下方夾一個吊掛網籃，把小本的書橫放在裡面，或是拿個小籃子來收納。
- 書櫃下方可以放相簿，或是百科全書等比較重的書。

第四階段：沒有被選到的書，就依照以下標準來分類。

- 要賣的二手書：沒有用過的痕跡，保存狀況良好的新書。
- 要捐贈的書：有使用過的痕跡，但保存狀況良好的新書（可上網搜尋有接受捐贈的單位）。
- 要丟的書：有明顯使用過的痕跡，發行已經超過五年的書。

Day (46)

獎狀、體驗學習資料

　　獎狀和體驗學習資料如果好好整理，孩子會更有自信，也會更看重經驗與學習。訣竅在於大人先幫忙整理一次，並把整理的方法教給孩子，讓孩子在自己整理的時候更能得到成就感！

準備物品　A3 或 A4 檔案夾、標籤

整理守則

第一階段：將獎狀、成績單、修業證書、資格證、體驗學習資料全部拿出來。

第二階段：依照學年、時間順序，一張張放入檔案夾當中。如果數量較多，可以依照學年分為獎狀、體驗學習資料等兩個資料夾。

第三階段：體驗學習資料（門票、手冊、感想）一張張收起來。

第四階段：在檔案夾側面或正面貼上標籤。如果數量較多，也可以再建立一個索引，寫出詳細的清單。

Day 47

充滿回憶的物品

　　珍藏回憶是件很棒的事情，但過去的物品跟重要的物品，其實是完全不同的東西。把那些能讓人想起生動回憶的物品拿出來，邊看邊聊邊整理，把回憶的物品珍藏好。

準備物品　回憶箱（以孩子、夫妻、個人分類，準備兩～三個）

整理守則

第一階段：把認為跟回憶有關的物品，一直無法丟掉的東西都蒐集起來。

第二階段：從最重要的東西開始，一一放進回憶箱裡。

第三階段：放不進箱子裡的東西就丟掉，覺得丟掉有些可惜的就拍照留念。

第四階段：定期整理回憶箱。每次放入新的回憶，就要汰換掉一個。如果箱子已經全滿，又沒有任何東西可丟的話，那就把東西都拿出來換個大一點的箱子。

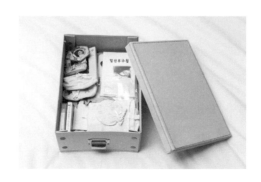

CASE 7

二年級女兒的日記

by 決定在老了之前快整理 79

在整理孩子的書桌時，有件事情讓我很驚訝。

「一個不整理就變兩個，

兩個不整理就變三個，

三個不整理就會變四個，

這樣下來，

以後，就必須花更多力氣整理。」

這是孩子自己一行一行寫下的短句。仔細想想，我去年加入「整理力社團」之後就開始整理，女兒也受到影響開始加入我的行列。

為人父母，同時也是人生路上的前輩，這也讓我再一次深刻地感受到，我們必須要打造一個良好的環境，給身心都在發展的孩子。

「當清空物品，整理出空間的時候，

那種解放的感覺實在無法言喻。

曾經覺得『這個我真的不能丟』的東西，

某天卻突然消失的時候，會產生一種快感，

那甚至會讓我覺得自己有所成長。」

　　　　————緩莉舞《親愛的，我把坪數變大了》作者

客廳

生活空間的核心

物歸原位是主要原則

　　客廳是生活的空間，是每天都會上演以下這些情景的地方：孩子一回到家，就把背包跟外套丟在沙發上，爸爸報紙看完後就丟在桌上，把飲料還剩一半的杯子放在桌上，然後打開電視。兒子趴在客廳地板上寫習作，寫到一半突然拿出指甲刀來剪指甲，媽媽也只能束手無策地碎唸「再怎麼整理，還是馬上就弄亂了」。

　　這就是客廳要面對的現實。但還是不要太早放棄。只要東西有固定的位置，讓物歸原位只是小菜一疊！參考以下清單，觀察自己家的客廳吧。

□ 晒衣架總是放在客廳裡。
□ 沒使用的健身器材一直在客廳占位置。
□ 植物已經枯萎的花盆沒有清理掉。
□ 報紙和雜誌堆成一疊。
□ 重要文件（保單、合約等）四散在各處。
□ 不看的書、DVD、CD 等占據了位置。
□ 有很多不必要的家電用品使用說明書。
□ 常常找不到遙控器、指甲刀等物品。

☐ 客廳桌子上總是有一大堆東西。

☐ 沙發四周堆了很多東西。

如果符合超過五項,那就很需要你付出心力動手整理了。
先把那些讓你難以下手的東西拿出去丟掉吧。

要丟掉的東西

- 不用的運動器材或健康相關的器材
- 三個月以上沒看的報紙和雜誌
- 外送餐廳的傳單
- 不再使用的舊家電
- 書、書寫工具、包包等沒用的個人物品
- 植物已經枯萎或葉子乾掉的盆栽
- 積了很多灰塵的小東西
- 不要的 CD、老舊的錄音帶和錄影帶
- 過期藥品

客廳的面積是家中最大的,也是跟家人共同使用的空間。
所以放得東西愈少,整理起來就愈快,打掃也會比較輕鬆。還

有，決定客廳的主要用途，會妨礙這個目標的家具或是物品，都挪到其他空間。

　　遙控器、指甲刀、急救箱等家人共用的物品，固定放在讓大家都能很快找到的收納櫃或是收納籃裡。已經枯萎的花盆，或是積了很多灰塵的裝飾品就丟掉。運用燈光或是窗簾，打造一個溫暖雅緻的空間。最後，因為客廳是家人共用的空間，需要彼此的體貼。大家必須約定好個人物品就放在各自的房間，用完的物品要盡量物歸原位。

Day (48)

家庭常備藥

通常藥的有效期限都是開封後一年。如果大家一起使用同一瓶眼藥水，病菌則可能會傳染，所以最好分開使用，而處方藥則是依照個人的身體狀況或症狀特別調配的，等到身體恢復健康之後就要立刻丟掉。

準備物品 夾鏈袋、橡皮筋、麥克筆、收納籃（急救箱）

整理守則

第一階段：把家裡的藥品、軟膏都拿出來，保健食品、冰箱裡的藥水也要確認一下。

第二階段：過期的藥、剩下的處方藥、開封超過一年的藥或是軟膏都丟掉。

· 廢棄醫藥品也可以依種類分類，藥丸一類、藥水一類、藥粉一類，裝在夾鏈袋裡面帶去藥局處理。

第三階段：用麥克筆在藥品外包裝的側面，寫上清楚可見的有效期限。

第四階段：如果希望拿取方便，可以用剪刀把外包裝的蓋子剪掉。

第五階段：類似的藥就用橡皮筋綁在一起，以可清楚看到側面的角度放進收納籃或急救箱裡。

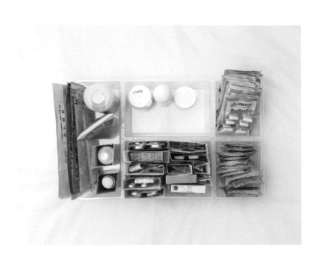

Day (49)

各種使用說明書

那些不會再看、不會再用到的產品說明書，該不會一直都還沒丟吧？如果想說有備無患所以一直擺著，那我想你還是不要杞人憂天了。畢竟只要上網查，隨時都可以下載喔！

準備物品　A4 尺寸的夾鏈袋、檔案夾、活頁夾、收納籃

整理守則

第一階段：把四散在家中各處的使用說明書蒐集起來。

第二階段：一一確認，如果產品已經丟掉、故障，或已經很熟悉使用方式，那就處理掉。

第三階段：如果剩下的說明書不到十份，放在 A4 夾鏈袋中保管；二十份以內，就用檔案夾收納；超過二十份以上，就用活頁夾收納起來。

第四階段：放在客廳的櫃子，或是書桌最下面一格抽屜裡等方便取用的地方。

第五階段：該產品的零件等，可以裝在夾鏈袋裡一起放在收納籃中，跟使用說明書一起保管。

Day (50)

家具（物品）配置

　　每個物品都有最適合收納的地方。今天就用不一樣的態度來看待家中的空間，把東西放到更方便、更適合取用的地方。這樣一來，熟悉的空間看起來就會格外特別喔！

準備物品　毯子（墊子）

整理守則

第一階段：參考以下內容，找出要換地方放的東西（家具或物品）。

- 要用的時候會很難拿出來的東西
- 重要但是不太會用到的東西
- 因為不顯眼所以不會用的東西
- 礙眼的東西

第二階段：找出最適合的地點，把東西擺進去。

- 更方便拿取的地方
- 更容易把該項物品拿來使用的地方

第三階段：如果沒有要移動的家具，那就找出要清空的家具，然後把裡面的東西清掉，或是移到更適合的空間去。

Day 51

客廳地板

在美國被稱為「居家收納達人」的馬利・西拉，非常強調「五分鐘拯救房間」的方法。就是計時五分鐘，然後在時間到之前，像瘋狂跳舞一樣盡可能移動身體去清理房間。今天就讓我們試著拯救一下最容易被弄亂的客廳吧。

準備物品　智慧型手機、計時器、垃圾桶

整理守則

第一階段：首先打開窗戶讓空氣流通，然後用智慧型手機把客廳的樣子拍下來。

第二階段：計時器定時五分鐘。

第三階段：迅速把地板上的垃圾丟到垃圾桶裡。

第四階段：把地板上的物品放回原位。

・東西先放上去就好，整理就之後再做，不要浪費時間。

第五階段：整理好後拍張照片，比較整理前後的差異。

各種文件

　　整理文件最需要的，就是願意斷捨離的勇氣，不要害怕丟掉！因為資訊會一直更新，有用的資訊也會隨著時間和情況改變。

準備物品　文件整理工具（檔案夾、資料夾、文件夾等）

整理守則

第一階段：把家裡的文件全部拿出來。

第二階段：依照用途分成要留的、要處理的、要丟的等三種。

- 要丟的：網路上很容易就能找到、已經過期、放了三個月以上。

第三階段：將每個家庭成員的文件，分成長期保存和短期保存兩種，裝在檔案夾或是文件夾裡，然後放到書架上。短期以六個月到一年為單位，並且定期整理。

第四階段：要處理的文件就立刻處理掉。但如果上面有個人資料，請記得撕碎再丟。

- 如果無法一次處理完，那就每天決定一個時間和範圍（例如，一日花十分鐘處理三十張），直到不必要的文件完全消失為止。

Day (53)

照片

　　記錄回憶的照片，如果四散在家中各個角落，看了應該會很不舒服。花點時間，稍微努力整理一下，這樣每次看照片、把相簿拿出來翻閱時，應該都會感覺更幸福。照片確實是有值得我們這麼做的價值。

準備物品　相簿、相框

整理守則

第一階段：把散落在家中的照片都聚集起來。

第二階段：把照片放入相簿或是相框中。

第三階段：把相框立起來，或是掛在牆上，相簿則放到書櫃上。

- 要把相框掛在牆上，可以使用類似「3M 無痕膠」之類的產品。這樣就可以不必釘釘子，輕鬆地把相框掛起來。如果要整理數位照片，可以參考下一頁的方法。

整理數位照片

第一階段：依照時間或利用關鍵字，在電腦裡建立幾個資料夾。

- 依年份、月份建立資料夾，並可搭配日期跟地點為資料夾命名，像是「150301_ 春川旅行」，或是「150302_ 小敏出生滿一百天」等以日期加特殊活動的方式為資料夾命名。
- 如果是分好幾個主題來拍照，也可以用關鍵字來整理，像是「美食探訪」、「我女兒」、「旅行超開心」等關鍵字，然後再用日期去細分裡面的照片。

第二階段：先依照時間順序，把檔案從「最近的照片」挪到相對應的資料夾裡。

第三階段：「最近的照片」資料夾中只剩下十一張照片。以「孩子照片整理法」聞名的日本收納顧問就建議，「一個月只留下十一張照片」，這樣不多不少剛剛好，所以各位可以自己決定要留幾張，這樣整理起來會比較輕鬆。

第四階段：把照片列印出來，收到相簿裡面（也可省略這部分）。

製作相簿

第一階段：決定好相簿的主題。

第二階段：加入網路相簿（例：Google 相簿、DropBox、Flickr 等）。

第三階段：參考尺寸、照片數量、封面材質、價格來選擇設計樣式。

第四階段：留下可以放入相簿當中的照片數量。

第五階段：編輯相簿、訂購。

　一日一角落，每天 15 分鐘，無痛整理術

Day (54)

電線、延長線

　　電線纏在一起看起來很亂，而且也可能會造成危險。要是積了一堆灰塵，打掃起來也不容易。運用可以幫助我們清理環境的各種工具，幫每條電線寫上標籤，還可以達到節約能源的效果喔。

準備物品　束線帶、魔鬼氈、電線整理盒、標籤

整理守則

第一階段：找出電器用品較多，或是電線都纏在一起的地方。

第二階段：把延長線上面的插頭都拔掉，把纏在一起的電線解開。

第三階段：在電線的尾端用標籤註記這是哪一個電器的插頭。

第四階段：如果電線太長，就捲起來用束線帶或魔鬼氈固定。電線如果太粗可以捲成圓圈狀，比較細的電線則可以捲成圓圈之後再壓扁。

第五階段：把用同一個電源控制的電線綁在一起，將延長線放在電線整理盒中（可省略）。

Day 55

客廳櫥櫃

　　客廳的櫥櫃適合放家人共用的物品。只留下必要的物品，每一格用籃子整理好，固定放同樣的東西。因為是大家共用的物品，所以大家要約定好，東西用完後一定要物歸原位。

準備物品　溼紙巾、分格籃、夾鏈袋、橡皮筋、收納籃

整理守則

第一階段：將客廳櫥櫃中的物品都拿出來，並用溼紙巾把櫃子擦乾淨。

第二階段：將要留的跟要丟的物品分類。

- 要留的東西：藥品、工具、備品（乾電池等）、電子產品、針線盒、打掃用具、產品使用說明書、保單、指甲刀、遙控器等。
- 要丟的東西：沒用的錄音帶、錄影帶、DVD、CD、電線，以及其他的雜物（乾電池、線、塑膠袋等）。

第三階段：用分格籃把指甲刀、遙控器收起來。

第四階段：紙類就裝進夾鏈袋中，電線則用橡皮筋綁起來。

第五階段：正在用的 DVD、CD 立起來放入收納籃中。

陽台倉庫

陽台的倉庫，是家中所有空間當中我最感激、最珍惜的一個空間。因為我可以把一些不是經常用到，但偶爾會使用的重要物品放在這裡保管。要是沒有這令人感激的倉庫空間，那這些必要時會用到的物品，到底該擺在哪才好？

準備物品 居家收納箱、塑膠袋（或大塊的布）、標籤

整理守則

第一階段：把陽台的物品都拿出來。

第二階段：一一確認，一年以上沒用到的東西就處理掉。

第三階段：物品分類好，體積較小的就分類放入收納箱中。

第四階段：無法放入收納箱裡的物品，就用塑膠袋或布包起來，避免堆積灰塵。

第五階段：一定要用箱子裝起來，或是有外包裝的物品上貼標籤註明內容物。

第六階段：把備品之類常用到的物品放在倉庫中間，上面放比較輕但比較少用的物品。下面則放比較不規則的物品。如果東西太大放不進去，可以拆掉一塊層板讓空間大一點。

Day (57)

多功能房

　　房如其名，這就是一個多功能的房間，可以當成洗衣間、倉庫、打掃工具間、副廚房等，不管掛上怎樣的名字，我們都要努力讓它變成一個乾淨整潔的空間。

準備物品　層板或移動式置物籃、收納籃、網籃、洗衣籃、鐵網籃、標籤

整理守則

第一階段：將多功能房裡的東西都拿出來。

第二階段：將用完的洗衣精包裝、沒有在用的洗衣袋等，不必要的物品全部都丟掉。

第三階段：配合多功能房的空間與收納物品，在牆上裝設層板、放置移動式置物籃等。

第四階段：將物品裝進收納籃裡。

　　．洗衣粉、洗衣粉的量匙、洗衣袋等分類裝好。

　　．網籃或鐵網籃則用來裝蔬菜。

第五階段：用籃子收納完之後，就放到層板或是置物架上。

第六階段：放置洗衣籃。

　　．多放幾個洗衣籃，方便換洗衣物（內衣、外衣、襪子、白色衣物）分類。在籃子上貼標籤，大家可自己分類。

Day (58)

整理故障的物品

　　如果你有自己動手修過故障的東西，應該會知道這件事情可以讓人心情非常好。幫助物品找回它的價值、重新賦予它們生命，真的是非常棒的事情！

整理守則

第一階段：想一下有哪些衣服要縫補、哪些東西要修。

第二階段：動手修理那些可以自己修理的東西，或是聯絡師傅約時間來修，或是親自拿去給人修。

第三階段：無法修理，或是修理所要耗費的能量、時間與費用不成比例的話，那就把東西丟掉。

- 可以參考「資源回收網」（ https://recycle.epa.gov.tw/index.aspx）搜尋相關資訊。

二手販賣、分享、捐贈

　　清空的方法當中，最好最棒的方法，就是二手販賣、分享或是捐贈了。透過清空物品來騰出空間，透過捐贈和分享，也可以讓我們的心靈更富足。

整理守則

第一階段：把不用的東西、過多的東西找出來。

第二階段：沒使用的高價品、幾乎沒有使用痕跡的物品，就拿去二手販賣。分量還剩很多，但看得出使用痕跡，可能賣不太出去的話，就拿去分給別人或是捐贈。

第三階段：把要賣的東西拍下來，上傳到二手拍賣網站。

第四階段：找出要把東西分給誰。問問家人朋友，身邊有沒有人需要這些東西，或是上傳到地區的社團。

第五階段：可上網搜尋適合捐贈的社福機構團體。

「讓心情變好的最佳方法，就是去處理延宕已久的事情，
試著成就一些小小的成功。」

————葛瑞琴・魯賓

《過得還不錯的一年：我的快樂生活提案》作者

Part 2

解開糾纏不清的結、
將擱置的事情做個了結

整理人生各面向

金錢

亡羊補牢的整頓計畫

省小錢才能存大錢

　　為了買做小菜的食材去超市時，我總是會因為意想不到的結帳金額而嚇一大跳。「為什麼會這麼貴？」驚訝的我睜大眼看著收據，發現大多都是二三十元台幣，頂多就是約三百元的東西。每當下定決心「這個月真的要省著點花」時，總會因為紅白包而使支出大增。會覺得別人經常去海外旅行，過得輕鬆又自在，但為什麼我過得這麼辛苦？如果你不常去百貨公司，也沒有出手太闊綽，但每個月收到信用卡帳單的時候，卻還是會覺得自己不知為何手頭很緊的話，那就確認一下是不是符合以下列出的項目吧。

　　如果符合的項目低於五個，那「成為小氣富翁」或「十億身價上班族」這類的夢想，就可能永遠是屬於別人的了。

　　□ 錢包裡的集點卡、里程卡少於五張。

　　□ 有記帳的習慣。

　　□ 主要使用的信用卡少於兩張。

　　□ 準確知道一個月的生活費需要多少。

　　□ 知道自己有多少錢可以用於購物或休閒生活。

　　□ 信用卡帳單的金額不會讓你有壓力。

□ 覺得儲蓄的金額剛剛好。

□ 知道自己買了那些保險，覺得費用很合理。

□ 每個存款帳戶的目的都很明確。

□ 固定費用的支出帳戶與支出日期都很固定。

□ 會立刻確認並處理帳單，不會放著不處理。

□ 有逢年過節的支出、婚喪喜慶的紅白包、度假費用等非固
　　定支出預備金。

　　為了控制支出，我們必須滴水不漏的整理每個月支出的費
用，但很多人會整理到一半就放棄了。最近可以透過網路，了
解自己過去的支出明細，所以只要花個一、兩天的時間，就可
以清楚的整理出自己的固定支出。經過一定的時間之後，支出
的情況可能會有所改變，所以一定要定期更新。

　　最近很流行「生活費月曆」，就是每個月的一號到三十號
都有一個袋子，每個袋子裡放著當天的生活費，不會用超過這
個額度，如果沒用完就再把錢放回袋子裡。如果因為信用卡而
無法掌控支出，或是生活費總是超支的人，這種方法可以訓練
你控制自己的支出。

　　即使金額不大，但養成儲蓄的習慣非常重要。如果你總是
想盡辦法要減少固定支出，並為此建立很嚴格的支出計畫，那

應該就會知道五百元是多大的一筆錢。

　　每個月五百元聽起來不是什麼大錢，但一年下來就可以存六千元，兩年就是一萬兩千元，三年累積下來就是一萬八千元，這筆錢其實頗多。尤其減少習慣性但不必要的支出，並把這筆省下來的錢存起來，這筆錢就具有很大的價值。

　　人們在節省開銷的時候，通常都會抱持著「要節省一點，沒有多餘的錢能花在這兒」的想法，但愈是這樣心裡會愈覺得難過，進而削弱自己的意志力。這時候，就從整理家裡的物品開始吧，整理到最後，你就會自然地改變消費的習慣。

　　把家中用不到的東西賣掉、分送出去、或丟掉，你就會開始產生「過去一直亂花錢，買回來的東西最後都丟掉了」的想法。這樣一來，以後買東西時就會變得比較慎重。「真的需要這個東西嗎？有沒有可以替代的用品呢？能不能用借的呢？」仔細思考過後，就會發現其實不需要這個東西，慢慢培養出讓你有「買對東西了」這種想法的能力。

Day 60

優惠券、點數卡

　　點數卡和優惠券看起來雖然是店家給的優惠，但其實也可以說是促使你做非必要消費的動力。整理一下優惠券跟點數卡，留下常光顧的店家，其他的都丟掉吧。這樣可以不必煩惱該到哪裡買、該去哪間店，而且也可以獲得更多優惠。

準備物品　優惠券、點數卡、智慧型手機

整理守則

第一階段：將優惠券和點數卡都拿出來。

第二階段：留下常去的愛店，只去過一、兩次的店就丟掉。

第三階段：很多店家都會推出智慧型手機專用的集點卡應用程式可以去下載。

第四階段：安裝好之後，就把點數存到裡面。

第五階段：存好之後就把實體集點卡丟掉。

錢包

　　只要好好整理錢包，就會懂得珍惜金錢。整理好信用卡跟優惠券，可以降低衝動購物的機率，多放一點現金，就可以節省刷卡的手續費。為了預防弄丟錢包，建議把錢包裡的東西拍下來，這樣在掛失的時候也會很有用。

準備物品　錢包、夾鏈袋

整理守則

第一階段：把錢包裡的東西都拿出來。

第二階段：攤在地板上，分為要丟掉的東西（收據、過期的優惠券）、用途不明的東西（偶爾會用的信用卡）、重要的東西。

第三階段：用途不明的東西裝進夾鏈袋裡，寫上有效期限後收起來。

第四階段：從重要的東西開始，依序把東西放進錢包裡。

- 先放集點卡、信用卡、身分證。
- 把面額相同的鈔票放在一起，轉成同一個方向並放入需要的金額在錢包內就好。

Day (62)

信用卡

　　信用卡是導致錯誤消費習慣的主因，經濟學家將信用卡比喻為破壞家庭財務狀況的原子彈。如果你有很多張信用卡，那就可說你在錢包裡放了好幾顆原子彈。趁著這次機會，減少信用卡的數量吧。

準備物品　信用卡、剪刀、垃圾桶

整理守則

第一階段：把身上的信用卡都拿出來。

第二階段：把沒有在用的卡挑出來，繳清帳單。可以上網或是用手機應用程式，選擇立刻繳費來解決。

第三階段：到發卡公司的網頁，或打電話到客服去停卡，然後把信用卡剪掉。不停卡的話可能會有年費，所以一定要停卡。

第四階段：如果有備用的信用卡，一定要放在平常不會去碰的地方。

第五階段：把信用卡的優惠整理在紙上，然後貼在卡片上面。

發票、收據

　　索取發票及收據可以幫助你做財務管理。發票不僅有中獎機會，也能當做記帳的參考。

準備物品　智慧型手機

整理守則

第一階段：在手機裡，安裝電子錢包或發票載具。

- 進入 APP STORE 或 Google Play 搜尋電子錢包或發票載具，就可以下載各式各樣的電子錢包或發票載具。

第二階段：進入程式中，輸入自己的個人資料註冊。

第三階段：用現金買東西，結帳時可將發票直接存到發票載具。

Day (64)

家計簿

有些人會透過把零錢存起來讓自己變有錢，而這些人在談論自己的成功經驗時，總是會提到記帳。但如果不管怎麼記帳，都感覺自己沒有存到錢的話該怎麼辦？那你就該想一下，可能是你一直用錯方法了。

準備物品 便條紙、家計簿、筆

整理守則

第一階段：準備便條紙。

第二階段：記下今天的支出、收入明細。

第三階段：用 A、B、C 將支出明細分級。

・A 級：購買生活必需品、必要的物品、高價值的物品。

・B 級：有選擇性的東西、可替代的東西、可以取代的東西。

・C 級：不必要的東西、沒用的東西、浪費的東西。

第四階段：針對 B、C 兩個等級的東西寫下具體的回應。

・範例：「其實可以只喝一杯咖啡，但卻多點了一塊蛋糕。」

「其實可以只買一個，但因為買二送一，所以買了兩個。」

第五階段：反省自己的消費習慣，然後記錄在家計簿上。

Day (65)

固定支出 1：收入、負債

　　整理自己的負債，會讓自己產生繼續進行財務管理的動機。因為必須要花很長的時間才能解決，所以建立好計畫之後自己也會覺得比較安心。千萬要記得，整理自己的負債，其實就等同於存錢。

準備物品　金錢整理表單（可以上網搜尋相關應用軟體或是自己用 EXCEL 製作）

整理守則

第一階段：在固定支出表單中，填入收入與公用支出的費用。

- 如果收入不固定，那就輸入標準收入（最低收入）。
- 如果不知道公用支出可以省略，改為輸入稅前收入與稅後收入。

固定支出表單範例

稅前與稅後收入

	本人	配偶	總計	帳戶	日期
薪水					
薪水外收入					
收入總額					

公用支出

	本人	配偶	總計	帳戶	日期
所得稅					
國民年金保險費					
健保費					
就業保險費					
公用支出總計					
實際收入總額 （＝收入總額－公用支出總額）					

第二階段：在負債整理表單，填入目前的短期與長期負債資訊。

· 可以到金融機構的網站查詢自己的負債資訊。

負債整理表單範例

短期負債				
項目	詳細內容	借貸時間	償還次數	總金額（本金餘額）
信用卡 1				
信用卡 2				
貸款帳戶				
信用貸款				
短期負債總額				

長期負債				
項目	詳細內容	借貸時間	償還次數	總金額（本金餘額）
汽車貸款				
房屋貸款				
長期負債總額				
總負債（短期＋長期）金額				

第三階段：利用負債整理表單，整理自己的負債狀況。

總負債狀況表單範例

短期負債償還本息				
項目	最終還款日	每月利息	每月償還本息	每月償還總額
信用卡 1				
信用卡 2				
貸款帳戶				
信用貸款				
每月償還總額				

長期負債償還本息				
項目	最終還款日	每月利息	每月償還本息	每月償還總額
汽車貸款				
房屋貸款				
每月償還總額				
總負債償還本息（短期＋長期每月償還金額）				

第四階段：利用固定支出表單，整理負債償還本息。

固定支出 2：住宅、家用

　　每個月都為錢而煩惱的原因，就在於失去了對錢的掌控能力。只要能掌握每個月，或是每一季度的支出，就能夠進行儲蓄、投資，也可以知道有多少錢能用於休閒或購物。

準備物品　金錢整理表單（可以上網搜尋相關應用軟體或是自己用 EXCEL 製作）

整理守則

第一階段：在固定支出表單上，填入房屋管理固定支出。

- 確認請款單、相關網站、存摺支出明細變動之後，把平均值記錄下來，並填入比平均值稍微高一點的金額。
- 受季節影響的各種家用支出，可以記錄的當下為標準，或是以支出最高的季節為標準。

房屋管理固定支出表單範例

	總計	帳戶	日期
租金			
房屋管理費			
公共事業費用 （自來水費、瓦斯費）			
通信費（電話費、網路費）			
房屋管理固定支出總額			

第二階段：在固定支出表單，輸入家庭生活相關的固定支出。

家庭生活相關的固定支出表單範例

	本人	配偶	總計	帳戶	日期
餐費					
外食費					
電話費					
車輛保養費					
個人零用錢					
家庭生活支出總額					

第三階段：在固定支出表單，填入子女相關的支出。

子女相關的支出表單範例

	總計	帳戶	日期
子女零用錢 1			
子女零用錢 2			
子女教育費 1			
子女教育費 2			
子女電話費			
子女相關支出總額			

Day 67

固定支出 3：變動支出

　　變動支出包括汽車稅、度假花費、購物花費等不固定支出。
為因應稅金或是紅白包等突如其來的大筆支出，最好每個月都
存一點錢以備不時之需。如果無法控制購物的慾望，也可以另
外開立一個購物專用的帳戶，以現金或是簽帳金融卡來付款。

準備物品　金錢整理表單（可以上網搜尋相關應用軟體或是自
己用 EXCEL 製作）

整理守則

第一階段：在季節性支出表單，輸入一年內的季節性支出項目。

季節性支出項目表單範例

	本人	配偶	總計	帳戶	日期
財產稅					
汽車稅					
汽車保險費					
紅白包					
年節費用					
度假費用					
（a）季節性固定支出總額			
每月季節性支出金額＝(a)／12 個月		

第二階段：利用固定支出表單來整理變動支出。

- 每月季節性支出
- 購物額度
- 其他支出

變動支出表單範例

	本人	配偶	總計	帳戶	日期
每月季節性支出					
夫妻購物					
子女購物					
其他					
變動支出總額					

第三階段：準備一個可以管理季節性支出費用的帳戶，每個月存錢進去，需要的時候再使用。

Day (68)

固定支出 4：保險

　　有很多人即使知道每個月的固定支出，但卻不知道固定的保險費是多少。只要好好整理自己的保單，就不會錯過優惠，也可以減少不必要或是重複的保險，所以還是多用點心吧。保險是很重要、很珍貴的資產，一定要記得喔！

準備物品　保單、金錢整理表單（可以上網搜尋相關應用軟體或是自己用 EXCEL 製作）

整理守則

第一階段：將保單全部拿出來，如果沒有保單，就上保險公司的網站列印。

第二階段：整理主要資訊與保障內容。利用保險繳納明細，來整理自己與家人的保單內容。

保單總整理表單範例

本人	保障型保險		儲蓄型保險	
商品名				
保險公司				
加入目的				
主要保障				
加入日				
到期日				
每月繳納金額				
保障型保險總額		儲蓄型保險總額		
保障型＋儲蓄型保險總額				

第三階段：整理並計算每個月要支出的保險費。

	保障型		儲蓄型		總計
	1	2	3	4	
本人					
家人 1					
家人 2					
家人 3					
家人 4					
總額					

第四階段：利用固定支出表單，整理保障型與儲蓄型保險金額。

第五階段：把檔案整理好，然後收在書架上。

- 只留下最新的保單，其他不必要的東西都丟掉。

- 每個家人都要有自己的檔案，然後做一個目錄。

- 安裝各保險公司的手機應用程式，就可以詳細查閱加保日期、保險條款等，也可以迅速申請保險費退款，很方便。

固定支出評量

檢查整理好的固定支出表單，也要中止或去試著調整不必要的服務。即使金額很小，但長時間累積下來卻是一筆大錢。只要知道減少幾百元的固定支出，是多困難的事情，應該就會知道要更珍惜這些小錢了。

準備物品 金錢整理檔案的「固定支出表單」

整理守則

第一階段：整理好固定支出表單之後，回答以下問題。

- 每個月的必要支出費用有哪些？
- 每個月的收入扣除固定支出之後，還剩下多少錢（剩餘金額）？
- 每個月可以用在購物、休閒活動上的金額有多少？

第二階段：固定支出中，可以減少的項目有哪些？

- 範例：電信費、重複的保險、定期服務等

第三階段：規劃一個包含執行細節的具體計畫，並執行這個計畫。

- 範例：檢視手機使用明細和目前的方案，選擇更適合自己的合理月租方案。

Day (70)

存摺

　　人們無法存大錢的原因，不在於「不知道存錢的方法」，而是在「不知道為什麼要存錢」。比起「儲蓄是應該要做的事情」這種不著邊際的理由，不如為每個帳戶賦予一個明確的目的。這樣能夠幫助你為了更高的價值與更大筆的支出，減少一些比較小的消費。

準備物品　金錢整理檔案的「資產整理」表單（製作方式可參考「固定支出」表單）

整理守則

第一階段：把手上的存摺都拿出來。

第二階段：把已經用完的存摺都丟掉。盡量剪得碎一點，避免暴露個人金融資訊。

　　・想要確認交易紀錄時，可以利用網路銀行查閱。

第三階段：確認一下有沒有已經凍結的或應該要結清的帳戶。

第四階段：把所有的資產整理到金錢整理檔案的「資產整理」表單中。

Day (71)

開設帳戶

　　只留下必要的固定支出，了解一下自己可以存多少錢吧。如果只是隨便訂一個數字，或是照別人說的去做，反而很容易形成浪費。現在可以透過手機應用程式或是網路，開設儲蓄用的帳戶，各位可以參考一下。

準備物品　金錢整理檔案的「固定支出」、「資產管理表單」

整理守則

第一階段：參考金錢整理檔案的「固定支出」、「資產管理表單」，比較一下月收益（收入−固定支出）和月定存額。

・看看自己有沒有刷卡刷到變月光族？

・是不是隨意就把剩餘的錢拿去購物、從事休閒活動？

第二階段：如果定存的金額會讓你很有壓力，就調整金額或是停掉定存。

第三階段：將轉帳日改到發薪日隔天。

第四階段：即使金額不大，也應該開設一個帳戶存錢，給自己想買的東西、家族旅行、想要上的課程使用。

Day (72)

費用帳單

　　整理費用帳單其實就是整理繳納方法、支出帳戶、支出日期，以及帳單寄送方法的意思。如果每次都從同一個地方支付一大筆固定支出，那就可以一次支出大筆的生活費。這種附加服務，可以直接上網申請或變更。

準備物品　金錢整理檔案「固定支出」表單

整理守則

第一階段：打開固定支出表單，標示要取得費用帳單的項目。

第二階段：如果有要繳納的稅金、公共事業費、滯納金等，就一併處理掉。

- 上網繳納，或是到銀行處理。

第三階段：整理支出日期與繳納帳戶。

第四階段：連上服務網站，變更以下項目：

- 繳納方法變更為自動轉帳。
- 將繳納的帳戶全部變更為同一個帳戶。
- 將轉帳日更改為發薪日隔一天。
- 將寄送帳單的方式從郵寄改為電子郵件或手機通知。

Day (73)

訂定不購物日

　　試著在每個月都訂出一個不購物日吧。這天只買生活必需品，即使有真的很想買的東西，也只要先寫在願望清單上就好。用家裡的食材來做個簡單的一餐，把東西收拾好、錢包整理一下，這樣應該會覺得很滿足。

準備物品　書寫工具、筆記本

整理守則

第一階段：只購買生活必需品，吃得簡單。

第二階段：把今天的消費記錄下來。

第三階段：把嘗試不購物的感想記錄下來，當然，任務失敗也沒關係。

第四階段：仔細想想有哪些無法控制的支出。

第五階段：試著為了達成不購物的目標、為了減少購物失敗的比例、為了防止無法控制的支出，建立一個好的策略。

・範例：記錄在願望清單上。

・決定一個期間，並決定不購買的特定品項。舉例來說，像是想要減少買衣服的頻率，那就在一個月內，禁止自己買任何新的衣服。

Day (74)

買對和買錯的東西

　　因為拿到很多折扣而便宜購入的東西，當下可能會覺得買對了，但時間一久就會發現，讓人覺得買對了的通常不是那些便宜貨，而是自己愛用的東西。

準備物品　書寫工具、筆記本

整理守則

第一階段：真的認為買對的東西有哪些？

・如果記不太清楚，那就看一下家裡的東西。

・每次穿都會覺得很滿足的衣服是哪些？

・壞掉或是破了，還是會想要再買回來穿的衣服有哪些？

第二階段：覺得買錯的東西有哪些？買錯的原因是什麼？

・如果記不太清楚，那就看一下家裡的東西。

・看看有沒有放置已久的物品或衣服。

・哪些是如果能回到過去，絕對不會購買的東西和物品？

第三階段：現在立刻回想透過這些成功與失敗的經驗所得到的購物訣竅。

時間

有效管理不再兩頭燒

學習時間管理的技巧很重要

　　無論是以家務和育兒為主的家庭主婦，還是工作家庭兩頭燒的職業婦女，大家肯定都過著二十四小時都十分忙碌的生活。過去單身的時候，只要照顧好自己就可以了，但結婚之後，卻每天都在重複過著照顧別人的生活。

　　在這樣的情況下，有辦法做好時間管理嗎？不太可能。但愈是這樣，就愈需要時間管理的技巧。要有時間，才能陪孩子玩、打扮自己、準備未來，做一些讓自己開心的事。

　　透過以下內容，看看自己有多會管理時間吧。如果符合超過五項，那就表示你很需要學一下時間管理技巧喔。

□ 睡覺之前都還拿著手機。

□ 「之後要做」的想法已成習慣。

□ 會把小事積在一起一次解決。

□ 沒有列出每天必辦事項的清單。

□ 每天看電視時間超過三小時。

□ 有事要做時、或想到待會有事情要做，不會記錄下來而是
　　依靠記憶力。

□ 不太擅長拒絕。

□ 總是隨興地決定約會。

□ 喜歡同時做兩件事。

□ 每天的必辦事項超過八件。

□ 幾乎不會整理郵件或應用程式。

□ 電腦桌面的捷徑或是資料夾，占據超過半個桌面。

□ 沒有對未來五年的規畫。

□ 從來不曾想過人生重要的事情，或是讓你覺得人生重要的
　價值是什麼。

□ 有時間的時候，經常會讓時間毫無意義地過去。

時間管理的意義：減少要做的事

　　時間管理的目的有二，那就是「讓心情維持平靜」，以及「把時間投資在讓自己開心的事情上」。就像看到水槽裡堆積如山的髒碗筷，就會讓人覺得很有壓力一樣，該做的事情一旦延宕，就會破壞內心的平靜，自己也會不知不覺間承受壓力。

　　為了讓心情維持平靜，可以在五分鐘內立刻處理完的事情就不要拖延，應該立刻去做。五分鐘是發個呆、看個電視就會立刻過去的時間。如果可以趕快把事情處理好，就不必費心去記住這些事情，也不必另外撥時間來做這些事。

時間上比較寬裕的人，即使把該做的事情都做完，也還是有很多時間可以用在自己身上。但是這裡有個問題，每個人每天都只有二十四小時，為什麼對有些人來說時間永遠不夠，但對某些人來說卻有時間能去做自己想做的事呢？

　　《一切從簡》這本書的作者解釋：對追著時間跑的人來說，要處理的事情中，有很多是不重要且沒用的事。但對比較悠閒的人來說，他們不會去做那些沒用的、一點也不重要的事情。整理時間的意義並不在於「節省時間」，而在於「減少要做的事」。

　　整理「待辦事項清單」，才能夠整理自己該做的事情有哪些。反過來說，整理出「不該做的事情」，就是刻意努力讓自己不去做那些沒用的事情。減少像是上網亂逛、玩遊戲、看電視等沒用的事情，用幾件非做不可的事情來填滿那一天，這樣二十四小時絕對夠用。

Day (75)

番茄工作法

　　據說，人一次可以專注的時間是二十五分鐘，為了可以極致地利用這段時間，我們絕對不能一心多用。一次只專注在一件事情上，就是好好利用時間的最佳方法。現在就來學一下管理時間的番茄工作法吧。

整理守則

第一階段：找一個沒有其他干擾的時間與地點。

第二階段：決定要做的事情，預估所需時間。

第三階段：計時器定二十五分鐘，然後專注去做一件事。

第四階段：時鐘響了後讓自己徹底休息五分鐘（喝水、伸展等）。

第五階段：休息結束後再專心二十五分鐘，一直重複這個循環直到事情做完為止。

第六階段：事情做完之後，再拿花費的時間去跟預測的時間比較，思考一下為什麼會有差距。

　　．標註計時器啟動了幾次，然後再拿來跟預估的時間做比較。如果啟動一次就是一分，啟動四次就是四分。

Day (76)

線上社群

　　我們關注的事情與生活方式一直都在改變，所以也要定期管理線上社群。如果電子郵件跟私訊的數量一直累積、或花費太多時間在無益的社群上瀏覽，那建議你現在立刻開始整理。

整理守則

第一階段：打開加入的社團、俱樂部、社群目錄。

第二階段：連上符合以下標準的網站，按下「退出」按鈕。

- 已經沒興趣的領域。
- 因為暫時的需求而加入的社群。
- 會產生負面能量或壓力的社群。
- 每天讓你浪費三十分鐘以上的社群等。

管理零碎時間

　　零碎時間只要好好利用，就可以拯救岌岌可危的日常生活，是非常寶貴的存在。試著專注在最簡單，但也最必要的事情上怎麼樣？畢竟人生的每個瞬間，都是由「要如何使用時間」的決定所組成的。

整理守則

第一階段：想一下每天什麼時候有零碎時間。

　• 範例：上下班時間三十分鐘、送小孩去幼稚園後的一小時。

第二階段：寫下可以在這段時間裡做的事情。

第三階段：決定一些適合利用零碎時間完成的事情。

第四階段：配合零碎時間，建立起具體計畫（一句話就好）。

　• 範例：搭地鐵時看書。

智慧型手機

　　智慧型手機是讓生活更加便利、更加聰明的工具。但無意間打開的遊戲、購物程式，卻是慢慢啃蝕時間的可怕存在。如果想要聰明地使用智慧型手機，那就需要趕快整理一下。

整理守則

第一階段：刪除不常用或會浪費時間的應用程式。

第二階段：把最常用的應用程式放在第一頁。

第三階段：建立幾個主要分類，將應用程式分類、整理好。

第四階段：建立智慧型手機使用規範。

- 範例：

　1　睡覺前把手機放遠一點。

　2　手機遊戲只能玩三十分鐘。

　3　晚上十點以後把社群的通知關掉。

　4　回到家就把手機放在固定的地方，只在那裡使用手機。

Day 79

五分鐘整理法

　　整理的魔法當中，有一種叫做「五分鐘整理法」。首先，你要試著背誦「立刻去做五分鐘內就能完成的事情」「無論再怎麼困難複雜的事情，都只做五分鐘就好」的咒語，接著魔法就會立刻生效喔。

整理守則

第一階段：把整個過程花不到五分鐘，但是卻一直拖延沒做的事情寫下來。

　　・範例：伸展、摺棉被、吃維他命、整理家計簿等。

第二階段：如果有可以在五分鐘內做完的事，就立刻處理掉。

第三階段：把因為又難又複雜，所以一直拖延的事情寫下來。

第四階段：從中挑出一個，只做五分鐘就好。

成就日記

「我人生的目標，就是每天晚上睡覺的時候，可以說『今天我們真的做了很了不起的事情』」。

這是賈伯斯在接受《華爾街日報》專訪時說的話，要不要也來想想，我們在睡前可以做多少了不起的事情呢？

整理守則

第一階段：想一下這禮拜有哪些事情。

第二階段：有哪些事情成功了？「成功」就是指事情實現了。

第三階段：有什麼成長嗎？「成長」是指在知識或技術方面有所進步。

第四階段：有變成熟嗎？「成熟」是指自己的心態比以前更好了，或是跟其他人的關係有好的改變。

第五階段：以上面所想的事情為基礎，寫下「成就日記」吧。

Day (81)

失誤日記

　　備受全球讀者喜愛的史考特・派克，在著作《心靈地圖：追求愛和成長之路》當中，提到在生命中面臨問題、解決問題固然痛苦，但卻也是唯一能讓我們成長的方法。寫下失誤日記的同時，去面對過去未曾梳理過的失誤，不知不覺間就會發現自己有所成長喔。

整理守則

第一階段：回想最近記得的失誤。

- 有事情處理得不好、浪費時間嗎？
- 有沒有太過著急而誤會對方？
- 說話或做事之前是不是沒有深思熟慮？

第二階段：想一下為什麼會發生這種事。

第三階段：想一下該怎麼做，才可以不再重蹈覆轍。

第四階段：以上面所想的內容為基礎，寫下失誤日記。

Day (82)

每天達成一個目標

　　小的成功經驗就可以提升自己的信心。相對地，那些許多未能成就的目標，卻會讓人感到挫折。我建議各位可以找出一件最重要的事情，每天試著去完成它。要相信完成一件事情、拖延一件事情，都是習慣所造成的。

整理守則

第一階段：準備一張便利貼。

第二階段：從今天要做的事情中，選出一個一定要完成的重要目標，寫在便利貼上。

　　・可以參考下頁介紹的內容：如何更有智慧地整理目標。

第三階段：貼在顯眼的地方，目標達成之後就把便利貼撕下來丟進垃圾桶。

　　・目標的數量可以從一個慢慢增加到三個。

更有智慧的整理目標

要明確：

- 好的例子：完成 A 計畫的草案。
- 不好的例子：依照優先順序來度過有意義的一天。

可測量：

- 好的例子：仰臥起坐三十下。
- 不好的例子：認真運動。

行動導向：

- 好的例子：打開吸塵器。
- 不好的例子：把拖延的家事完成。

實際可完成：

- 思考這是否是一天可以完成的目標。

時間期限：

- 期限只有今天一天。

Day (83)

延遲清單

　　《過得還不錯的一年：我的快樂生活提案》的作者葛瑞琴・魯賓，為了在一年內讓自己變幸福，便執行了這個計畫，進而獲得許多對人生的體悟。她了解到所謂的幸福，是即使沒有獲得偉大的成就，光是把拖延的事情完成，就可以感受到的東西。讓我們一起把拖延的事情解決掉，享受一下幸福感吧。

整理守則

第一階段：準備紙和筆，把拖延至今的事情寫下來。

　　• 範例：去看牙醫、領現金、去乾洗店把衣服拿回來。

第二階段：為了要在今天執行，計畫必須盡量具體。

　　• 範例：午餐時間簡單吃個午飯，然後就去醫院。

第三階段：今天至少完成一件在延遲清單上的事情。

Day (84)

拒絕的方法

　　丹麥有一句俗諺，叫做「比起漫長的約定，不如當下就拒絕」，英國也有「鄭重拒絕，其實就已經是半接受了對方的委託」這樣一句話。如果因為不太會拒絕而浪費時間、無法做到原本要做的事情，那你應該要重新思考一下拒絕的意義，鼓起勇氣來拒絕吧。

整理守則

第一階段：回想一下因為無法拒絕而浪費時間的經驗。

第二階段：如果難以拒絕，那就運用一下拒絕的訣竅。

- 善意的拒絕：表現出對對方的善意，說明自己的情況後拒絕。

　例如「雖然我還想繼續聊，但我現在得先走了，我們之後再聯絡吧。」

- 部分接受：接受可以接受的部分。

　例如「那天我有約，只能到八點，在那之前我們就盡情地享受吧。」

第三階段：如果是讓你不自在的約會或是請求，那就鼓起勇氣拒絕。

「最愛」清單

　　讓自己幸福的東西、生命中一定要守護的價值，試著把不同時期，自己生命中最重要的東西記錄下來，整理成一份「最愛」清單吧。每年都更新，這樣還可以幫助你回顧自己的人生喔。

整理守則

閱讀以下問題，從過去的人生中挑出最合適的時刻。

- 最有趣的電影、音樂劇、連續劇、書？
- 最忙碌的時刻是什麼時候？
- 想要再去一次的地方是哪裡？
- 最認真的一件事情是什麼？
- 最喜歡的食物是什麼？
- 最能帶給自己力量的句子是什麼？
- 到 KTV 最拿手的歌是什麼？
- 印象最深刻的禮物是什麼？
- 人生中最重要的物品是什麼？

Day (86)

目標整理

如果有一直延宕沒有完成的目標，那你就應該檢視一下這個目標是不是太不切實際。看一下現在對你來說，最重要的是什麼事情，然後建立一個小一點的目標吧。

整理守則

第一階段：寫下現在的目標、想要實現的目標。

第二階段：想一下你在職場上業務的「優先順序」。

- 上司跟同事認為你的業績目標是什麼？
- 現在正在進行的主要計畫是什麼？

第三階段：仔細想想為了家庭，最有價值的事情是什麼？

- 家人近期內的重大活動或議題是什麼？
- 有哪個家人需要我的幫忙？

第四階段：想想對自己最有價值的事情是什麼？

- 讓我最開心的活動是什麼？
- 想做的事情當中，可以立刻開始的事情是什麼？

第五階段：以上面的問題為基礎，果決地將第一階段中不必要的目標刪除，減少目標的數量。

自由時間

　　不知道你是否曾經把玩樂的時間和休息時間，放進「待辦清單」裡面。為了能夠徹底休息、愉快玩樂，我們需要好好整理時間。可以明天再做的事情就放到明天，用今天不會再有什麼事情的心情，好好地享受自由時光吧。畢竟我們可是天生來玩樂的「遊戲人」啊。

整理守則

第一階段：從今天的待辦事項中，把不重要的、不急的事情刪掉。

第二階段：想一下自由時間要做什麼。

第三階段：盡量專注且優先處理重要的事情。

第四階段：把會妨礙你的東西都整理掉。

第五階段：盡情享受自由時光。

Day (88)

五年內的五大新聞

　　《夢想的閣樓》這本書裡提到一個公式（R ＝ VD），這個公式分別由 R ＝ Realization（實現）、V ＝ Vivid（生動的）、D ＝ Dream（夢想）組成，也就是只要做一個生動的夢，夢想就會實現的意思。用新聞標題的形式，把自己未來五年可能的面貌清楚地整理出來吧。

整理守則

第一階段：預設一下五年內會發生在自己身上的事情。

- 五年內可能發生的活動或議題。
- 希望可以成長的部分、改變的情況。
- 想要繼續努力實現的事情等。

第二階段：利用新聞標題與報導的形式來完成這些事件。請試著寫下來：

　　1. _____

　　2. _____

　　3. _____

　　4. _____

　　5. _____

時間家計簿

　　如同理財的基本是記帳一樣，管理時間的基本就是把時間記錄下來。想像每天一到午夜，就會有人為你儲值珍貴的二十四小時，把時間好好記錄下來吧，或許你會覺得每一分每一秒都變得很特別喔。

準備物品　時間家計簿工作表單（可以上網搜尋相關應用軟體或是自己用 EXCEL 製作）

整理守則

第一階段：製作時間家計簿工作表單並列印出來之後，填寫今天八小時的時間使用紀錄。

- 以十五分鐘為單位，記錄自己做了哪些事情。
- 做超過十五分鐘的事情就再記錄一次，並以水波紋標示。

第二階段：查看時間家計簿，評價自己的一天。

- 該做的事情是不是都做好了？
- 是否有留足夠的時間給重要的事情？
- 有沒有浪費時間？
- 記錄時間的優點：寫時間家計簿，就能夠讓你有意識地去做那些該做的事情，不去做那些不該做的事情。無法有效利用時間的時候，就來寫一下時間家計簿，這樣你就會領悟到時間的重要性，並且重新檢視事情的優先順序。

幸福

人際關係整理祕訣

斷捨離不重要的人

　　某間大數據分析公司，分析了一年內社群上出現「幸福」這個詞彙的九十五萬筆留言，發現最常出現的是「透過人際關係感覺到幸福」。但所謂的關係，並不只會讓我們幸福，也可能帶來負面能量，如果無法把這些讓我們受傷的關係整理掉，就可能浪費時間、金錢、感情、精力等等。

　　如果減少這些沒什麼用處的關係，會發生什麼事呢？可能減肥成功，也可以存一筆小錢去旅行，更可以讓身邊重要的人，留下更多美好的回憶。

　　透過以下的清單，來確認一下你的人際關係整理技巧吧。如果符合超過五項，那你的人際關係可能比較會帶給你壓力，或讓你感覺到憂鬱。

　　□ 見面會讓你覺得浪費時間的朋友。
　　□ 覺得有超過一個以上的朋友在利用自己。
　　□ 跟所有人都能變成好朋友是我的重要目標（即使是讓自己很痛苦的人）。
　　□ 要刪除超過兩年沒聯絡的朋友，讓你感到很困擾。
　　□ 不知道該怎麼跟帶給你壓力的人相處。

☐ 結婚、周歲宴等活動時（或是有這類的活動），不知道要
　　邀請誰，覺得很尷尬。

☐ 確認沒有接到的電話或訊息時，不會馬上跟對方聯絡。

☐ 很難選出想要一輩子來往的朋友。

☐ 生日或婚喪喜慶時經常被漏掉。

☐ 要先跟對方聯絡或約對方見面，會讓你覺得非常困擾。

☐ 常常詆毀別人。

☐ 跟人見面很煩，經常拒絕他人的邀約。

☐ 認識新朋友會覺得尷尬，也不知道要問些什麼。

☐ 即使有時間空檔，也很難想到要跟誰見面。

　　如同房子整理的順序是「整理→整頓→清掃」一樣，我們
也要先跟讓自己有壓力、讓自己受傷的人道別，最好的方法就
是刪除聯絡方式。這看起來好像只是件小事，但光是刪除聯絡
方式，就會感覺到心情輕鬆許多。如果無法在物理上保持距離，
那就建立具體的計畫或是防禦機制，讓自己不要受傷，這樣一
來，就會慢慢學會保護自己不受他人傷害的技巧。

　　相反地，如果有不想錯過的對象，那主動拉近距離就是很
重要的事情。人際關係也是需要努力的，我們必須投資一定的
時間與精力，在那些自己認為重要的人身上。尹善賢顧問在《關

係整理的力量》這本書中，就推薦「VIP 人脈清單」作為重要人脈的管理方法。可以在通訊錄當中建立 VIP 群組，有時間的時候就打個電話去問候，或是傳封簡訊也不錯。

最後，清空雖是一種整理，但填滿也是一種整理。新的人脈，可以自然地幫助你整理掉現在尷尬的關係。你可以培養一個健康的興趣，或是參與有共通之處的人所舉辦的聚會，建立起新的關係。比起被動的參與，更建議可以在必要時積極發揮自己的長處。這樣就算不主動出擊，人們也會自然在你身邊聚集。

Day 90

電話通訊錄

　　法頂師父曾說過「不要隨便與人結緣」。我們要懂得區分真正的緣分與萍水相逢，如果是真正的緣分，那就要盡力把它打造成一段良緣。試著來刪除手機通訊錄裡面那些萍水相逢的緣分吧。帶著接受祝福的心情刪除那些資料，會覺得心情好像也輕鬆不少。

整理守則

第一階段：打開手機的通訊錄，快速地瀏覽一遍。

第二階段：在限制的時間內，十分鐘以內刪掉十個以上的人。

- 完全想不起來是誰的人。
- 不想跟對方聯絡，或是不能聯絡的人。
- 有至少三到五年沒聯絡的朋友、前輩、後輩。
- 絕對不會有事情要聯絡，前一個職場的同事或窗口。
- 再也不會有來往的公司行號等。
- 如果實在刪不下手，那就儲存為「不要接」。

跟關係說再見

保羅 ・J・ 麥耶爾在著作《Crazy Maker》當中，將「木訥、漫不經心、唯我獨尊、傷害他人、任意批評事物、容易被騙，又充滿偏見的」存在，定義為「Crazy Maker」。讓我們跟這些人說再見，避免讓自己繼續受傷，因為自己是最重要的！

整理守則

第一階段：找出過去或現在所認識的「Crazy Maker」。

第二階段：回想一下，對方讓自己感到痛苦的具體事項到底是什麼。

第三階段：參考以下標準，思考一下「應對與替代方案」。

- 已經刪除對方的聯絡方式，或將名字更改為「不要接」。
- 盡量不要約對方見面，也減少聯絡的次數。
- 避免見面，保持適當的距離。
- 思考一下是在什麼地方覺得受傷，事先準備或是做好防禦，以避免自己再受傷（舉例來說，像是相約見面時經常遲到的話，那就在出發之前先確認一下朋友人在哪裡）。

Day (92)

選出 VIP

　　每個人的生命中，應該都有 VIP 的存在。只要跟那個人見面就會覺得開心、興奮，那對方就是 VIP。如果不想跟他們分開，希望經常見面的話，就不要吝於主動聯絡、表達自己的關心之情。

整理守則

第一階段：選出人生中的十位 VIP。

- 家人是 MVP，所以要除外。
- 公領域與私領域要分開。

第二階段：如果真的想不出來，那就參考這些標準：重要的人、喜歡的人、見面時覺得自在的人、會給你靈感的人、感激的人、悸動的人。

第三階段：在手機通訊錄中建立 VIP 群組。

- 有時間的話就跟 VIP 群組的人聯絡。
- 在社群上對 VIP 的訊息表達關注。

其他通訊錄

手機的通訊錄，就是我們跟人締結關係的重要工具，因為每個人都有手機號碼，而且能夠隨時隨地聯繫他人。但如果通訊錄裡面只有電話號碼的話，不如就來試著把其他的格子也填滿吧。把這些空格填滿之後，關係可能就會更加深入喔。

整理守則

第一階段：打開想要拉近距離的人、重要的人的通訊錄。

第二階段：修改或新增手機通訊錄中的其他資訊。

- 生日：在生日的時候用心地傳一個訊息，就可以加深彼此的關係，如果能夠另外記在行事曆上，那就更不會忘記了。
- 職業：關注對方的工作領域，那就更有話題可以聊。
- 個人郵件：即使離職了，還是可以繼續聯絡。
- 地區：如果有事情要去對方的公司或是住家附近，就可以邀對方見面。
- 筆記：認識的契機、帳號等等。
- 社群：在社群上成為朋友，接收對方的消息，見面的時候可以聊一下彼此的近況。

Day (94)

禮物目錄

　　每次生日或紀念日來臨時，都會煩惱到底要送什麼禮物才好。情急之下準備，送出一個沒有誠意的禮物，總會讓人覺得不太開心。如果可以事先想好，就能送出對方需要且感動的禮物了。

整理守則

第一階段：收過的禮物當中，最令你印象深刻的是什麼？

第二階段：能夠讓對方開心，但又不會讓對方太有壓力的禮物是什麼？

第三階段：回想一下彼此之間有特殊紀念日、想要表達感謝之情的對象、心中覺得重要的人有哪些？

第四階段：思考一下那個人需要的、喜歡的東西是什麼？

Day 95

感謝卡

　　現代人已經習慣罐頭訊息，應該已經幾乎不會寄信或卡片給家人朋友了。但這慢吞吞的古老信件，卻具有非常強大的力量。可以傳遞平時不會說的話，每一個親筆寫下的字，也都代表著寄信人的真心！

整理守則

第一階段：誠心誠意地準備卡片或信紙。
第二階段：想一下要寫信給誰。
第三階段：用心寫信。
第四階段：把信寄出去。

「準備好禮物的方法很簡單。

就是在自己能力範圍內，盡力去做就對了。

如果是個特別的人，那就要比平常更仔細思考。

除了一般的禮物之外，如果能夠再搭配上一句留言，

就會讓人覺得很有誠意。」

　　　　　　　————尹善賢《整理關係的力量》作者

Day (96)

關係的關鍵字

其實我們不需要面面俱到，因為人們認為你是個好人，通常是因為你有一、兩個非常顯著的優點。所以與其想讓自己變完美，不如了解自己究竟是個怎樣的人。了解自己的價值觀、行為模式，然後再去行動，這樣比較能夠獲得他人的理解與信賴。

整理守則

第一階段：寫下自己跟朋友最一致的三個共通點。

第二階段：寫下自己三個需要改進的地方。

第三階段：人們喜歡我的原因是什麼？

　• 範例：「人們把我當成朋友，應該是因為我『○○○』。」

第四階段：透過上面的答案，整理出自己是個怎樣的人，以及自己的優點，再濃縮成三項，請試著寫下來：

　　1. ＿＿＿＿＿＿＿＿＿＿＿＿＿＿＿＿＿＿＿＿＿＿

　　2. ＿＿＿＿＿＿＿＿＿＿＿＿＿＿＿＿＿＿＿＿＿＿

　　3. ＿＿＿＿＿＿＿＿＿＿＿＿＿＿＿＿＿＿＿＿＿＿

Day (97)

提供幫助

　　提供幫助跟獲得協助是完全不同的兩種喜悅。但忙碌的生活，會使我們在不知不覺間錯失幫助他人的機會。你所能提供的東西、才能、價值、經驗是什麼呢？事先想好，等有機會幫助別人的時候，就可以立刻採取行動。

整理守則

第一階段：你擅長的、可以付出的才能是什麼？

第二階段：家裡的物品中，有沒有能幫助別人的東西？

第三階段：經歷過的、擅長的事情當中，有沒有能夠以過來人的身分，提供他人建議的事項？

第四階段：找找身邊需要幫助的人。

Day (98)

想見面的人

保羅・科爾賀在《牧羊少年奇幻之旅》這本書中說道:「這世界上最偉大的真相只有一個,那就是只要你全心全意地祈求,事情就一定會如你所願。」

你可以堅信這句話,並且想一下你最想見到的十個人是誰。這樣一來,你肯定能夠挽留擦身而過的寶貴姻緣。

整理守則
....
第一階段:想想知名人士、你的精神導師、在特殊領域十分傑出的人、個性良好的人、職業特殊的人、想要接受他幫助的人、想與他見面的對象等等,也可以描述他們的個性或是特徵。
第二階段:至少寫下五個人。

1. _____
2. _____
3. _____
4. _____
5. _____

主辦聚會

　　你是否在等著別人邀約，或是等朋友找你出去玩呢？還是很想要跟哪個人在一起呢？那你就不要只是被動地等著別人來找你，自己來主辦聚會吧。跟能讓自己開心、自己喜歡的人見面，可以讓你的日常生活充滿活力。

整理守則

第一階段：想見面、會讓你開心的人是誰？

第二階段：想要一起從事的活動是什麼？

　・範例：看電影、吃美食、登山、探訪懷舊的地點等。

第三階段：決定聚會的日期，建立見面計畫。

第四階段：聯絡對方提出邀約。

Day

邀請朋友來家裡

　　今天是一百天整理旅程的最後一天。為了紀念這一天，邀請一些重要的朋友來家裡聚會吧！邀請朋友來家裡，還能幫助你整理房子、時間和關係喔。

整理守則

第一階段：想要邀請哪些人來家裡？

第二階段：想見面的日期跟時間？（一星期或一個月以內）

第三階段：發送邀約訊息給這些人。

第四階段：思考一下要用什麼食物招待大家。

第五階段：把要準備的事項整理成「待辦清單」。

後記

整理後的生活

　　我想起一個常在社團裡看到的問題：「擅長整理的人應該都是天生的吧？」很多想要好好整頓空間與生活卻力不從心的人，總會提出這種有點逃避現實的問題。但是，從這樣的問題中，也能夠感受到他們無法放慢生活的腳步，被現實的急流給沖走的不安。

　　我也曾經有過這樣的疑問。因為不整理，所以當然得承受源自於此的不安，也覺得整理這件事，優先順序應該要被排在一般的日常生活後面。

　　有一天，我看著隔壁以工作能力出眾而聞名的同事的桌子，突然有個很奇特的想法：時間對每個人都是公平的，但為什麼有些人可以整理的很好，又不錯過生命中的重要事物呢？為什麼我沒有時間整理呢？從那時開始，我便會刻意為人生踩剎車，並且不斷鞭策自己，告訴自己「我有很多時間可以整理」。

　　到公司之後，我會抽一張溼紙巾擦桌子，然後想「我有時間擦桌子」；用完釘書機之後，我會想「我還有時間可以把釘書機放回原位」；在把要簽核的文件送出去之前，我也會提醒自己「我還有時間檢查一下有沒有打錯字」。就這樣，我把很多過去一直

推拖的事情做完，一點一滴地在生活中養成整理的習慣。

開始有勇氣去面對

　　也就在這個時候，我有了勇氣去整理一直被我用各種藉口推託不打掃的房子。就像每天都一定要做的工作一樣，開始一一整理每一個角落。有時候是把那些覺得麻煩不想整理的小東西丟掉；有時候是花時間把煩惱不知道該如何是好的東西處理掉。丟掉大量購物袋的時候，我也反省自己不經思考的消費習慣，把每個月花大錢買的各種化妝品、衣服、配件拿出來整理時，也重新思考了一下自己的穿搭。

　　整理完冰箱之後，自然會開始思考這些食物會不會有一天變成廚餘。這樣一來，我就比較少會在小菜都吃完之前去買菜了。吃得簡單變成我的習慣，也開始不再那麼嘴饞，也開始喜歡即時洗菜、切菜，做一份新鮮的沙拉。

　　在把抽屜裡的老舊物品拿出來時，經常會發現某個被我遺忘已久的物品。養成整理的習慣之後，身邊的東西都看起來煥然一新。每次在丟東西時，我都會思考，這麼多東西到底都是哪裡來的。

　　清理四散在家中的大量塑膠袋時，我會想到，用塑膠袋從便利商店把東西帶回來的時間只有十分鐘，但這個垃圾卻會在

地球上留二十五年，一想到這裡就忍不住嘆氣。

要丟掉還堪用的物品時，我會開始想把東西送給某個可能會需要的人。我開始查詢接受捐贈的團體，也自然會把可以捐出去的物品蒐集起來，寄去給幫助國內外清寒家庭的團體。

思考什麼才是最重要的事

整理讓我得以放慢生活的腳步。讓我能從每天都喘不過氣，如滾輪般的人生中解放。讓我能夠暫時停下來，去思考為什麼會需要或不需要這東西的原因。這樣一來，我開始可以一一整理過去延宕、停滯、沒有處理的工作與關係。

深入思考什麼東西對我來說才是重要且必須的，成為我的日常，在這樣的過程中，我也開始能夠回顧自身，更深入地了解自己。擺脫無差別的、追求快樂的消費，開始關注環保、幫助需要幫助的人，能夠開始過著這樣的生活，都是因為我透過整理，暫時讓自己停下來、反省自己的緣故。

整理過的人生，有了比以前更多的空白。我不再花費時間、空間、金錢與精力來堆積事物，而是開始期待要用什麼、如何去填補這些空白。

另一方面也很享受什麼都不做。因為已經熟悉了忙碌的生

活，讓這些空白原封不動地留下來也無妨。對非得要做些什麼才善罷甘休的我們來說，懂得什麼都不做，讓自己好好休息，也是一種非常了不起的能力。空白本身就夠了。

用新的事物來填補空位，是再正常不過的事情。而透過整理把物品清空，則能夠幫助自己用更多不同的價值，來填滿自己的生活。這麼一來，便可以幫助那些被放置的物品找回價值，同時也能夠透過減少自己擁有的東西，來守護環境與生命的價值。透過捐贈與分享，讓我們認知到人與人之間相互連結的價值。空間清空的同時，心卻變得更加富足；生活的速度雖慢，但日常生活卻更加美麗。我們要做的事情，不是用物品來填滿生活，而是用珍貴的價值來填補那些空白，而這就是經過整理的生活。

清空過去，才能迎向未來

曾經我認為把那些雜亂無章的東西整理乾淨，追求更便利的日常生活，就是所謂的整理。但在這將近五年的時間裡，我在收納公司上班、經營整理力社團，聽了許多人的故事之後，這個想法開始有了改變。每當我建議在收納、整理方面遇到困難的人，讓他們把用不到的東西丟掉時，他們都會告訴我之所

以無法丟掉物品的原因。

　　那些丟不掉的東西，都有屬於各自的回憶與情感，若要一一計較，那這些東西無法被丟掉的理由都很充分。為了丟掉這些東西，首先必須面對自己心中對這項物品的執著，但大多數的人都寧願迴避這種令人不快的情緒，就這麼放置不管。就這樣，眾多的物品跟沒有排解的情緒一起，被放置在房間的某個角落，若這些物品與情緒曾經對生活造成重大影響，那麼便可能永遠被封印在箱子裡，再也不見天日。

　　不久前我看了林順禮導演的電影〈小森林〉，看完後思考了很多事情。電影主角也辛苦地過著無法整理的生活。故事中主角惠媛（金泰梨飾）在面試落選後，便回到鄉下老家，一年四季都用田裡種出來的食材做菜，和朋友分享各種瑣事，一起吃著美味的料理。

　　朋友問她回到鄉下老家的原因，她回答說「因為肚子餓」，她感受到的空虛，大概是情緒上的空虛，怎麼吃也無法填補。惠媛懷抱著這無法填補的空虛不斷漂泊，最後回到她曾經與媽媽一起生活的房子。

　　每到一個新的季節，她就會想起媽媽曾經告訴她的食譜，然後用媽媽的食譜來做菜，並跟知道這件事的朋友一起享用。與此同時，也開始面對自己一直被壓抑的情感。過去在城市裡

感受到的空虛，其實是對很久以前拋下自己，孑然一身離去的母親產生的情緒。

那是一種想念，也是一種怨恨與憤怒，更是一種哀愁與悲傷。

惠媛將過去的這些情緒，深藏在心中的倉庫，並若無其事地持續過著社會生活。她回到老家，回味對母親的埋怨與憤恨、愛與懷念，並開始了解母親。她一點一點地清理自己的情緒，生活中也開始充滿對新事物的期待與信心。就這樣，惠媛迎接全新的春天，踏上了全新的道路。

整理是透過清理來清空，面對過去的自己，好好解決那些情緒，並讓自己做好心理準備，走進全新的人生。整理是清理曾經困住自己的時間與關係，並用全新的關係來填滿生活的準備過程。

找到可溫柔擁抱自己的小森林

從這點來看，惠媛在老家好好地整理了自己的生活，然後才走進全新的人生。林順禮導演在訪談中提到「希望大家能夠好好思考，忙碌的生活是否根本沒有解決任何事，只是讓我們逃避生命本質的問題，過著另外一種生活罷了。」

我也想告訴眾多猶豫是否要開始動手整理的人。整理生活的方法，就像是把堆積如山的物品清空、把堆積如山的髒衣服與碗筷清洗乾淨一樣，是從小小的實踐開始的，每天整理一樣東西這件事情，看中的其實是整理的這個行為。持續的小小實踐，可以自然地幫助我們回顧生活，也能夠讓我們更清楚地了解自己。

每個人，都需要支撐生活的小森林。這座森林並不是存在於遠方的假想空間，而是能夠自然地在持續整理的生活中發現的天地。我們的小森林，始於在日常生活中開始動手整理的勇氣，會隨著持續努力的堅韌一起來到我們身邊。希望各位也能夠餵飽自己空虛的肚子，在自己的日常生活中，找到可以溫柔擁抱自己的小森林。

不斷整理紛亂的生活就是人生

有些人很執著於完美，以至於始終無法開始動手整理，或是每當整理過後又開始變亂的時候，對此感到極大的壓力，我想要介紹經典著作《希臘左巴》中的一小段給這些人。

《希臘左巴》中有兩位主角，第一人稱的主角是個眼中只有書，努力創作的知識青年。左巴則是忠於本能，凡事靠經驗，不拘小節又有些神祕的人物。這兩個個性截然不同的人，一起

前往克里特島尋找新的人生。

他們依靠彼此，卻又因為價值觀與經驗的不同，發生許多爭執。主角很羨慕任何事情都不受阻礙，不會輕易遭受挫折，懂得享受人生的「左巴」，也從他身上得到許多靈感。書中強調透過經驗的學習，總是可以說服並吸引主角。

有一次，左巴建議主角鼓起勇氣去接近自己心儀的女生，但主角卻回答：「我不想惹事！」

聽完這句話的左巴，便責備了主角。

「活著就是在惹事了，死了就不必惹事啦，你知道活著代表什麼嗎？無憂無慮地去惹出點事情來，那就是人生！」

如同左巴所說，人生總是有許多困難，會發生很多麻煩的事情。就像科學上說的熵這個概念一樣，是把有用的精力變成沒用的精力，把秩序變成無秩序，不斷整理紛亂的生活就是人生。

也就是說，人生其實就像希臘神話中受到懲罰的西西弗斯一樣，必須不斷重複將滾回山下的巨石推到山頂嗎？！

也並非如此。因為愈是「整理」，就愈能夠獲得「整理力」。所謂「整理力」，是《一天十五分鐘，整理的力量》的作者尹善賢顧問所創造的用詞，具有「能夠整理的能力」、「整理帶來的力量」等雙重意義。

左巴明白人生就是由眾多的麻煩堆疊而成，他的人生哲學是要樂觀積極的生活。如果說製造麻煩、收拾麻煩就是人生，那眾多的經驗就能夠使我們的人生更豐富、更堅強。

如同曾經受過傷、承受悲傷的人，內心就會鍛鍊出肌肉，不容易被打倒，具有整理力的人，也可以在隨時可能雜亂無章的人生中，創造出屬於自己的秩序。因此，我們要有足夠的心理準備，去理解環境髒亂、動手整理，然後環境又變得髒亂，接著再去動手整理是很正常的循環。

我們需要的不是整理好的狀態，而是培養懂得整理的能力，應付這隨時可能面臨麻煩的人生，這不就是整理的目的嗎？

希望各位可以透過這本書，修正自己對整理的看法，並且了解到即使人生一團混亂，也還是相信自己可以整理好。相信本書中介紹的整理故事，終有一天會成為各位的故事。

最後，我要感謝幫助這本書出版，我的老師同時也是我的精神導師尹善賢代表，以及 For Book 的夥伴幫我做了這一本漂亮的書，還有幫助我拍攝整理收納畫面的金成夏經紀人、玄正美經紀人，還有盡心盡力協助我的整理力社團成員善良善、KSY5452、安泰成，也要感謝每天跟大家一起分享整理的喜悅與正面能量的會員們。

五十一項整理任務清單

這本書介紹的一百個任務中，如果有不符合你的個人情況，或是已經整理得很好，不太需要處理的部分，也可從以下的任務清單中，挑一個來執行，選擇哪一個，是個人自由；或是，試著建立自己的任務清單，也是一個不錯的選擇喔！

五十一項整理任務清單

空間	
1	整理拋棄式用品
2	整理眼鏡
3	整理針線盒
4	整理工具
5	運用收納工具
6	整理季節用品
7	閱讀收納部落客的部落格
8	參觀收納用品／生活用品店
9	閱讀與整理有關的書並寫下心得
10	列出想擁有的物品清單
11	整理背包
12	記下五項想要改變的家中事物
13	處理要清掉的東西

14	整理 CD ／ DVD
15	打造屬於自己的空間
16	汽車——整理後車箱
17	汽車——整理車內空間
關係	
18	聯絡被遺忘一段時間的人
19	丟掉沒用的名片
20	製作名片冊
21	準備好小禮物
22	寫下絕對不想來往的人的三個特徵
23	申請社群帳號並加朋友
24	對社群上的朋友表達關注
25	整理社群帳號的朋友
26	整理通訊軟體的群組
27	嘗試感謝／稱讚
28	一天與家人對話十五分鐘
29	遇見新的人
30	一天跟三個人聯絡
31	分享好情報
32	找出討厭的人的優點
33	遇見讓你心動的人
34	製作要參加自己葬禮的人員名單
35	專注與家人共度時光（跟孩子或配偶單獨約會）

時間	
36	搭第一班車
37	擁有自己一個人的時間
38	早上早點起床
39	晚上早點睡覺
40	決定生命中最重要的五個價值
41	排出目前生命中最重要的事物順序
42	運用零碎時間
43	處理拖延已久的事情
44	列出今天的「待辦事項」
45	幫每天找出一件固定的例行公事
46	想想自己的好習慣／壞習慣
47	取消訂閱垃圾訊息
48	伸展（運動）
49	散步
50	寫遺書
51	寫／整理散文

生活樹　生活樹系列 079

一日一角落，每天 15 分鐘，無痛整理術
1 일 1 정리 100 일 동안 하루 한 가지씩

作　　　者	沈智恩
譯　　　者	陳品芳
總 編 輯	何玉美
主　　編	紀欣怡
責任編輯	李靜雯
封面設計	比比司設計工作室
版型設計	葉若蒂
內文排版	許貴華

出版發行	采實文化事業股份有限公司
行銷企畫	陳佩宜・黃于庭・馮羿勳・蔡雨庭
業務發行	張世明・林踏欣・林坤蓉・王貞玉
國際版權	王俐雯・林冠妤
印務採購	曾玉霞
會計行政	王雅蕙・李韶婉
法律顧問	第一國際法律事務所　余淑杏律師
電子信箱	acme@acmebook.com.tw
采實官網	www.acmebook.com.tw
采實臉書	www.facebook.com/acmebook01

I S B N	978-986-507-061-8
定　　價	360 元
初版一刷	2019 年 12 月
劃撥帳號	50148859
劃撥戶名	采實文化事業股份有限公司
	10457 台北市中山區南京東路二段 95 號 9 樓
	電話：(02) 2511-9798　　傳真：(02) 2571-3298

國家圖書館出版品預行編目資料

一日一角落, 每天 15 分鐘, 無痛整理術 / 沈智恩著; 陳品芳譯 . -- 初版 . -- 臺
北市：采實文化, 2019.12
288 面; 14.8 × 21 公分 . -- (生活樹系列; 79)
ISBN 978-986-507-061-8(平裝)
1. 家政 2. 家庭布置
420　　　　　　　　　　　　　　　　　　　　108017146

1 일 1 정리 100 일 동안 하루 한 가지씩
Copyright©2018 by Jieun Sim
All rights reserved.
Original Korean edition published by For book Publishing Co.
Chinese(complex) Translation rights arranged with For book Publishing Co.
Chinese(complex) Translation Copyright©2019 by ACME Publishing Co., Ltd.
Through M.J. Agency, in Taipei.

采實出版集團
ACME PUBLISHING GROUP

版權所有，未經同意不得
重製、轉載、翻印